나무
열매

나들이도감

세밀화로 그린 보리 산들바다 도감
나무 열매 나들이도감

그림 손경희
글 보리

편집 김종현, 정진이
기획실 김소영, 김용란
디자인 이안디자인
제작 심준엽
영업마케팅 김현정, 나길훈, 양병희
영업관리 안명선
새사업부 조서연
경영지원실 노명아, 신종호, 한선희
분해와 출력인쇄 (주)로얄프로세스
제본 (주)상지사 P&B

1판 1쇄 펴낸 날 2016년 11월 1일 | **1판 7쇄 펴낸 날** 2023년 12월 8일
펴낸이 유문숙
펴낸 곳 (주) 도서출판 보리
출판등록 1991년 8월 6일 제 9–279호
주소 (10881) 경기도 파주시 직지길 492
전화 (031)955–3535 / **전송** (031)950–9501
누리집 www.boribook.com **전자우편** bori@boribook.com

보리는 나무 한 그루를 베어 낼 가치가 있는지 생각하며 책을 만듭니다.

ISBN 978-89-8428-939-0 06470   978-89-8428-890-4 (세트)
이 도서의 국립중앙도서관 출판시도서목록(CIP)은 서지정보유통지원시스템 홈페이지
(http://seoji.nl.go.kr)와 국가자료공동목록시스템(http://www.nl.go.kr/kolisnet)에서
이용하실 수 있습니다. (CIP 제어번호 : CIP2016023830)

우리 산에서 나는 나무 열매 100종

나무
열매
나들이도감

그림 손경희 | 글 보리

보리

일러두기

1. 아이부터 어른까지 함께 볼 수 있도록 쉽게 썼다.

2. 우리 산에서 흔하게 보는 나무 열매 100종을 실었다.

3. 이 책에 나오는 열매는 강원도 원주시 귀래면, 충북 충주시 소태면, 충북 월 악산과 계명산, 국립수목원, 전주수목원, 홍릉수목원에서 보고 그렸다.

4. 나무 열매는 여름 열매와 가을 열매로 나누고, 그 안에서 색깔로 나눠 분류 차례로 실었다.

5. 나무 분류 순서는 《대한식물도감》(1993)을 참고했고, 나무 이름과 학명은 《국가표준식물목록》을 따랐다.

6. 과명에 사이시옷은 적용하지 않았다.

7. 맞춤법과 띄어쓰기는 《표준국어대사전》을 따랐다.

8. 본문 보기

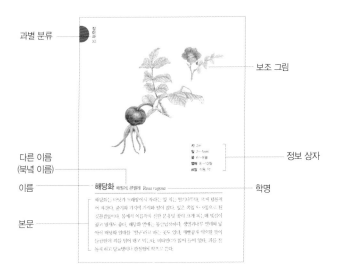

과별 분류 — 장미과 32

보조 그림

정보 상자

다른 이름
(북녘 이름)

이름

학명

본문

해당화 때찔레, 큰찔레 *Rosa rugosa*

키 2m
잎 2~5cm
꽃 6~9월
열매 8~10월
쓰임 식용, 약

해당화는 바닷가 모래밭에서 자라는 떨기 지는 떨기나무로, 1.5m 남짓까지 자란다. 줄기와 가지에 가시와 털이 많다. 잎은 겹잎으로 된 깃꼴겹잎이다. 봄에서 여름까지 진한 분홍빛 꽃이 크게 피는데 탐스럽고 냄새도 좋다. 해당화 열매는 동글납작하며, 생김새가 앵두와 닮아서 해당화 열매를 '앵두라고 하는 곳도 있다. 새빨갛게 익으면 것이 달콤한데 씨를 털어 내고 먹기도 한다. 바닷가가 많아 들어 있다. 해당화는 단정하고 꽃과 잎이 아름다워 절에서도 많이 심는다.

나무
열매
나들이도감

그림으로 찾아보기

여름 산 나무 열매 빨간 열매
풀빛 열매
까만 열매

가을 산 나무 열매 밤빛 열매
빨간 열매
까만 열매
풀빛 열매

여름 산 나무 열매

빨간 열매

닥나무 22

오미자 23

산딸기 24

곰딸기 25

멍석딸기 26

줄딸기 27

생열귀나무 28

해당화 29

개살구나무 30

이스라지 31

딱총나무 32

구슬댕댕이 33

풀빛 열매

느릅나무 34

개복숭아 35

까만 열매

산뽕나무 36

복분자딸기 37

귀룽나무 38

왕벚나무 39

산벚나무 40

노린재나무 41

회양목 42

송악 43

가을 산 나무 열매

밤빛 열매

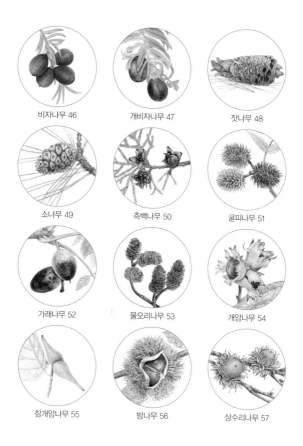

비자나무 46

개비자나무 47

잣나무 48

소나무 49

측백나무 50

굴피나무 51

가래나무 52

물오리나무 53

개암나무 54

참개암나무 55

밤나무 56

상수리나무 57

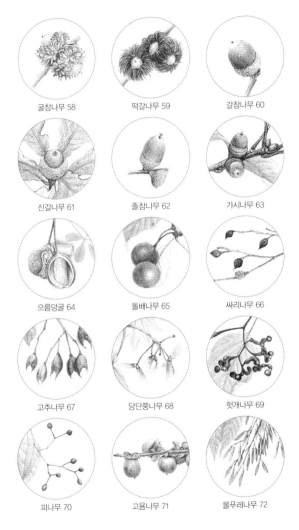

굴참나무 58

떡갈나무 59

갈참나무 60

신갈나무 61

졸참나무 62

가시나무 63

으름덩굴 64

돌배나무 65

싸리나무 66

고추나무 67

당단풍나무 68

헛개나무 69

피나무 70

고욤나무 71

물푸레나무 72

빨간 열매

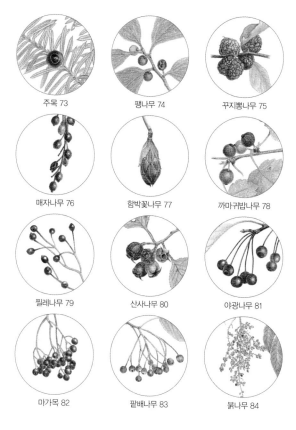

주목 73

팽나무 74

꾸지뽕나무 75

매자나무 76

함박꽃나무 77

까마귀밥나무 78

찔레나무 79

산사나무 80

야광나무 81

마가목 82

팥배나무 83

붉나무 84

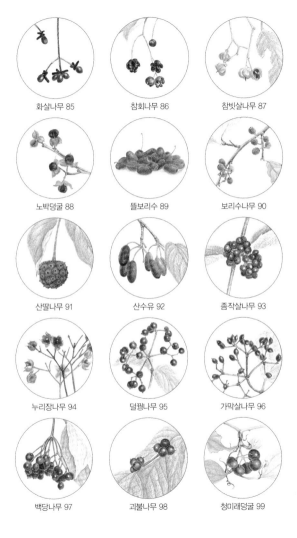

화살나무 85

참회나무 86

참빗살나무 87

노박덩굴 88

뜰보리수 89

보리수나무 90

산딸나무 91

산수유 92

좀작살나무 93

누리장나무 94

덜꿩나무 95

가막살나무 96

백당나무 97

괴불나무 98

청미래덩굴 99

까만 열매

향나무 100

노간주나무 101

풍게나무 102

댕댕이덩굴 103

생강나무 104

병아리꽃나무 105

콩배나무 106

초피나무 107

산초나무 108

황벽나무 109

왕머루 110

개머루 111

음나무 112

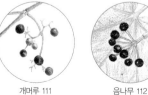

오갈피나무 113

층층나무 114

광나무 115

쥐똥나무 116

인동덩굴 117

청가시덩굴 118

풀빛 열매

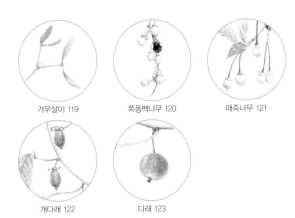

거우살이 119

쪽동백나무 120

때죽나무 121

개다래 122

다래 123

우리 산에서 나는 나무 열매

여름 산 나무 열매

키 5m
잎 5~20cm
꽃 5월
열매 8~9월
쓰임 식용, 약

닥나무 딱나무, 저실 *Broussonetia kazinoki*

닥나무는 산기슭에서 자라는 잎 지는 떨기나무다. 닥종이를 만드는 나무여서 옛날에는 밭둑이나 산비탈에 많이 심었다. 줄기를 꺾으면 '딱' 소리가 나서 '딱나무'라고도 한다. 늦여름부터 열매가 빨갛게 익는데 맛이 달아서 바로 먹기도 하고 말렸다가 약으로도 쓴다. 열매는 산딸기와 닮았다. 가루를 내서 물에 타 먹으면 몸이 튼튼해지고 낯빛이 좋아진다.

키 8m
잎 7~8cm
꽃 7~8월
열매 8~9월
쓰임 약, 술, 차

오미자 *Schisandra chinensis*

오미자는 낮은 산기슭에서 자라는 잎 지는 덩굴나무다. 열매에서 신맛,
단맛, 쓴맛, 매운맛, 짠맛 이렇게 다섯 가지 맛이 난다고 '오미자'다. 작
고 동그란 열매가 포도송이처럼 조롱조롱 달린다. 다 익어도 시어서 날
로는 못 먹는다. 8월부터 익기 시작하는데 서리 내릴 무렵에 따는 것이
좋다. 잘 익은 오미자를 햇볕에 말렸다가 차로 마시거나 약으로 쓴다.
말린 오미자를 물에 우리면 불그스름한 물이 우러난다.

키 2m
잎 6~10cm
꽃 5~6월
열매 7~8월
쓰임 식용, 차, 약, 술, 잼

산딸기 나무딸기 *Rubus crataegifolius*

산딸기는 산과 들에서 흔히 자란다. 깊은 산에는 별로 없다. 볕이 잘 드는 곳에서 잘 자라는 잎 지는 딸기나무다. 5월에 하얀 꽃이 피고 모내기가 끝날 때쯤 열매가 발그스름하게 익기 시작해서 여름 들머리부터 따먹는다. 많이 따서 한입에 털어 넣으면 새콤달콤 맛있다. 나무에 잔가시가 많아서 딸 때 가시에 긁히지 않게 조심해야 한다. 산딸기는 새도 좋아하고 다람쥐나 들쥐 같은 짐승도 잘 먹는다.

키 3m
잎 4~10cm
꽃 6월
열매 7월
쓰임 식용, 약, 술

곰딸기 붉은가시딸기 *Rubus phoenicolasius*

곰딸기는 산속 그늘지고 축축한 곳에서 자라는 잎 지는 딸기나무다. 줄기에 끈끈하고 붉은 털이 촘촘히 나 있고 굵은 가시가 성글게 있다. 그래서 '붉은가시딸기'라고도 한다. 잎은 쪽잎 석 장으로 된 겹잎이다. 잎 뒷면은 흰 털이 나고, 잎자루에는 붉은 털이 난다. 여름 들머리에 연붉은 꽃이 핀다. 열매는 산딸기처럼 달고 맛있다. 날로 먹고 열매와 뿌리, 줄기는 햇볕에 말려 약으로도 쓴다.

키 1~2m
잎 2~5cm
꽃 6월
열매 7~8월
쓰임 식용, 술

멍석딸기 *Rubus parvifolius*

멍석딸기는 산기슭이나 밭둑에서 자라는 잎 지는 딸기나무다. 땅 위에 납작 엎드려 사방으로 휘뚜루마뚜루 뻗어 나가면서 크게 덤불진다. 뻗어 나간 생김새가 꼭 멍석을 깔아 놓은 것 같다고 '멍석딸기'다. 가지에 짧은 가시와 털이 난다. 잎은 쪽잎 3~5장으로 된 겹잎이다. 여름 들머리에 보랏빛 꽃이 몇 송이씩 모여 핀다. 다른 산딸기보다 알이 더 굵고 조금 늦게 익는다. 날로 먹으면 달고 맛있다.

키 2m
잎 2~3cm
꽃 5~6월
열매 7월
쓰임 식용, 술

잘 익은 줄딸기

줄딸기 *Rubus oldhamii*

줄딸기는 낮은 산자락이나 골짜기에서 줄기가 덩굴지며 자라는 잎 지는 덩굴나무다. 그래서 '덩굴딸기'라고도 한다. 줄기에 흰 가루가 덮여 있고 갈고리처럼 생긴 가시가 났다. 잎은 쪽잎 5~9장으로 된 깃꼴겹잎이다. 잎 뒤쪽은 하얗다. 연붉은 꽃이 가지 끝에서 한 송이씩 핀다. 곰딸기와 다르게 볕이 잘 드는 곳을 좋아한다. 딸기 빛깔은 귤빛이 더 도는데 산딸기 가운데 가장 먼저 익고 흔하게 볼 수 있다.

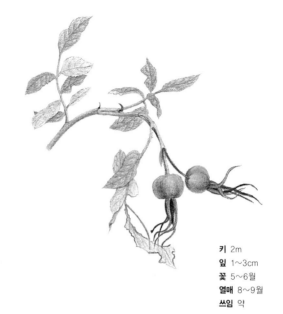

키 2m
잎 1~3cm
꽃 5~6월
열매 8~9월
쓰임 약

생열귀나무 *Rosa davurica*

생열귀나무는 산기슭이나 골짜기에서 자라는 잎 지는 떨기나무다. 밭
둑이나 도랑 옆에서도 볼 수 있다. 잎, 꽃, 열매가 해당화랑 꼭 닮았는데
더 작다. 짧은 가지와 잎자루 밑에 가시가 한 쌍 있다. 잎은 쪽잎 5~9장
으로 된 깃꼴겹잎이다. 8~9월에 구슬만 한 열매가 노랗다가 빨갛게 익
는다. 열매가 다 익어도 꽃받침이 그대로 붙어 있다. 열매를 '열구'라고
하는데 별 맛은 없지만 차로 마시거나 약으로 쓴다. 비타민이 많이 들어
있고 피를 잘 돌게 하고 핏줄이 굳는 동맥경화, 고혈압에 좋다.

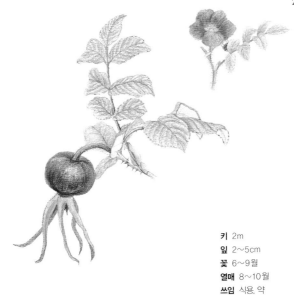

키 2m
잎 2~5cm
꽃 6~9월
열매 8~10월
쓰임 식용, 약

해당화 때찔레, 큰찔레 *Rosa rugosa*

해당화는 바닷가 모래땅에서 자라는 잎 지는 떨기나무다. 크게 덤불지
어 자란다. 줄기와 가지에 가시와 털이 많다. 잎은 쪽잎 5~9장으로 된
깃꼴겹잎이다. 봄에서 여름까지 진한 분홍빛 꽃이 크게 피는데 빛깔이
곱고 냄새도 좋다. 해당화 열매는 동글납작하다. 생열귀나무 열매와 닮
아서 해당화 열매를 '열구'라고 하는 곳도 있다. 새빨갛게 익으면 맛이
들큼한데 씨를 털어 내고 먹는다. 비타민C가 많이 들어 있다. 피를 잘
돌게 하고 당뇨병이나 관절염에 약으로 쓴다.

키 10m
잎 5~12cm
꽃 4~5월
열매 7~8월
쓰임 약, 잼, 주스

개살구나무 *Prunus mandshurica*

개살구나무는 볕이 잘 드는 산기슭에서 저절로 자라는 잎 지는 큰키나
무다. 이른 봄 잎이 나기도 전에 연분홍 꽃이 나무 가득 핀다. 개살구는
7월쯤 익는다. '빛 좋은 개살구'라는 말처럼 생김새는 노랗고 맛있게 생
겼지만 맛이 시고 떫어서 날로는 잘 안 먹는다. 크기도 살구보다 작다.
겉에 짧은 털이 촘촘히 나 있어서 만지면 뽀송뽀송하다. 잼이나 음료수
를 만들고 씨는 약으로 쓴다.

키 1m
잎 3~7cm
꽃 4~5월
열매 7~8월
쓰임 약, 술

이스라지 *Prunus japonica* var. *nakaii*

이스라지는 들이나 낮은 산에서 자라는 잎 지는 떨기나무다. 봄에 하얗거나 연분홍빛 꽃이 잎과 함께 피거나 잎보다 먼저 핀다. 여름에 빨갛게 익은 열매가 앵두와 똑 닮았다. 집 뜰에서 자라지 않고 산기슭에서 자란다고 북녘에서는 '산앵두나무'라고 한다. 앵두가 익을 때쯤 이스라지도 익는데 시큼털털하다. 7~8월에 씨를 받아서 햇볕에 말렸다가 오줌내기 약으로 달여 먹는다.

키 3~4m
잎 5~14cm
꽃 5월
열매 7월
쓰임 약, 차, 술

딱총나무 *Sambucus williamsii* var. *coreana*

딱총나무는 본디 눅눅한 산골짜기나 개울가에서 잘 자라는 잎 지는 떨기나무다. 요즘은 공원에 일부러 많이 심는다. 잎은 쪽잎 5~7장으로 이루어진 깃꼴겹잎이다. 6~7월쯤 새빨간 열매가 달린다. 멀리서도 금방 눈에 띌 만큼 빛깔이 또렷하다. 열매를 따서 술이나 차를 담가 약으로 먹는다. 뼈가 튼튼해지고 살결이 고와진다. 옛날에는 가지를 잘라 속을 쏙 빼낸 뒤 그 속에 열매나 씨를 넣고 딱총을 만들어 놀았다. 어린순은 나물로 먹는다.

키 1~3m
잎 5~10cm
꽃 5월
열매 7~8월
쓰임 약

구슬댕댕이 *Lonicera vesicaria*

구슬댕댕이는 높은 산에서 자라는 잎 지는 떨기나무다. 가지와 잎에 털이 잔뜩 나 있다. 잎은 앞쪽에만 털이 있고 뒤쪽에는 잎맥 위에만 털이 난다. 열매 아래쪽을 싸고 있는 받침에도 누런 잔털이 소복하다. 봄에 연노란 꽃이 피고, 열매는 8~9월쯤 빨갛게 익는다. 동그란 열매가 두 개씩 맞붙는데 만지면 앵두처럼 탱글탱글하다. 날로는 안 먹고 약으로 쓴다.

왕느릅나무 열매
열매가 커서 '왕느릅나무'다.

키 15m

잎 5~13cm

꽃 4월

열매 5~6월

쓰임 약

느릅나무 왕느릅나무 *Ulmus davidiana* var. *japonica*

느릅나무는 산기슭이나 골짜기에서 자라는 잎 지는 큰키나무다. 열매
는 오뉴월에 노랗게 익는데 가벼워서 바람에 잘 날아간다. 생김새는 납
작하고 가운데에 씨앗이 들어 있다. 왕느릅나무 열매도 똑같이 생겼는
데 더 크다. 저절로 떨어지기 전에 털어서 며칠 쌓아 두었다가 햇볕에 말
린 뒤 약으로 쓴다. 횟배를 앓거나 설사가 났을 때, 치질이 걸렸을 때 달
여 먹는다.

키 5m
잎 6~14cm
꽃 4월
열매 7월
쓰임 식용, 약, 술

개복숭아 *Prunus persica*

개복숭아는 동네 뒷산이나 산기슭에 많이 자라는 잎 지는 작은키나무다. 연분홍빛 꽃이 이른 봄에 잎보다 먼저 핀다. 복숭아보다 알이 작아살구만 하다. 여름 들머리에 익는데 다 익어도 누르스름한 풀빛이다. 옛날에는 이맘때 익는 과일이 드물어서 많이 먹었다. 잘 익은 개복숭아는맛이 아주 달다. 손으로 쪼개도 쉽게 쩍 갈라지는데 벌레 먹은 게 하도많아서 성한 열매를 찾기 어렵다.

뽕나무 오디

키 8m
잎 2~22cm
꽃 4~5월
열매 5~6월
쓰임 식용, 약, 술

산뽕나무 *Morus bombycis*

산뽕나무는 산에서 저절로 자라는 잎 지는 큰키나무다. 밭에 심는 뽕나무보다 잎이 작고 빳빳하다. 오디는 여름 들머리에 새까맣게 여무는데 바람이 불면 잘 떨어진다. 뽕나무 오디보다 자잘하고 볼품이 없지만 맛은 더 달다. 알이 잘아서 한 움큼씩 따서 입에 털어 넣어 먹는다. 먹다보면 손과 입 언저리가 까매진다. 잎은 따다가 누에를 치고 나무껍질과 뿌리를 약으로 쓴다.

키 1~2m
잎 3~7cm
꽃 5~6월
열매 7~8월
쓰임 식용, 약, 술

복분자딸기 *Rubus coreanus*

복분자딸기는 산기슭에서 자라는 잎 지는 떨기나무다. 사람들이 일부러 심어 기르기도 한다. 줄기는 보랏빛이 돌고 곧게 뻗으면서 활시위처럼 휜다. 줄기 겉에는 뽀얀 가루가 덮여 있고 납작한 가시가 난다. 잎은 쪽잎 5~7장으로 된 깃꼴겹잎이다. 잎자루에도 가시가 난다. 오뉴월에 하얀 꽃이 피고 여름에 열매가 익는다. 다른 산딸기와 달리 까맣게 익는다. 바로 따 먹기도 하고 말려서 약으로 쓰고 술도 담근다.

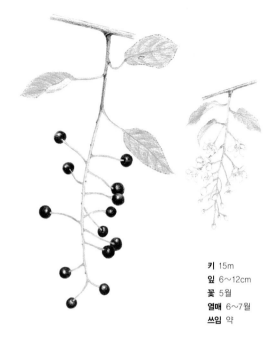

키 15m
잎 6~12cm
꽃 5월
열매 6~7월
쓰임 약

귀룽나무 구름나무 *Prunus padus*

귀룽나무는 깊은 산 물가나 골짜기에서 자라는 잎 지는 큰키나무다. 북녘에서는 하얀 꽃이 구름처럼 뭉게뭉게 핀다고 '구름나무'라고 한다. 꽃이 많이 피고 나무 생김새가 보기 좋아서 공원에 일부러 심기도 한다. 5월에 작고 하얀 꽃이 가지 끝에 다글다글 모여 핀다. 꽃대 밑에는 잎이 네댓 장씩 붙는다. 6~7월이면 열매가 까맣게 익는다. 열매를 '귀룽'이라고 하는데 버찌와 닮았다. 살이 별로 없고 맛이 떫어서 잘 안 먹는다.

키 15m
잎 6~12cm
꽃 4월
열매 6~7월
쓰임 약

왕벚나무 *Prunus yedoensis*

왕벚나무는 제주도와 남쪽 지방에서 저절로 자라는 토박이 나무다. 산에는 흔하지 않지만 길섶에 많이 심는 잎 지는 큰키나무다. 일본에서는 나라꽃으로 삼았다. 봄에 잎보다 먼저 하얗거나 연분홍빛 꽃이 핀다. 벚나무와 달리 암술대에 털이 있다. 버찌는 다른 버찌보다 크고 즙이 많지만 맛은 쌉쌀하다. 나무가 커서 집을 짓는데 쓰고 나무껍질은 약으로 쓴다.

키 10~20m
잎 8~12cm
꽃 5월
열매 7월
쓰임 식용, 약, 술

산벚나무 *Prunus sargentii*

산벚나무는 산에서 자라는 잎 지는 큰키나무다. 다른 벚나무와 달리 꽃이 필 때 잎도 돋는다. 버찌는 콩알만 하다. 6~7월에 빨개졌다가 까맣게 익는데 새콤달콤하다. 버찌 가운데 가장 달다. 따서 바로 먹기도 하고 술을 담그거나 약으로 쓴다. 새나 짐승도 버찌를 잘 먹는다. 새나 산짐승이 버찌를 먹고 여기저기 똥을 눠서 산에 어린 벚나무가 많이 자란다. 나무가 단단하고 잘 안 썩어서 해인사에 있는 팔만대장경을 벚나무로 많이 만들었다.

키 3~4m
잎 3~7cm
꽃 5월
열매 8~9월
쓰임 기름

노린재나무에 꼬인 노린재

노린재나무 *Symplocos chinensis* for. *pilosa*

노린재나무는 산과 들에서 흔하게 자라는 잎 지는 떨기나무다. 봄에 작고 하얀 꽃이 햇가지 끝에 피는데 좋은 냄새가 난다. 8월쯤 작고 동글동글한 열매가 쪽빛으로 익는다. 먹지는 않고 씨앗으로 기름을 짠다. 옛날에는 노린재나무를 태워서 만든 잿물로 옷감에 물을 들였다. 잿물 빛깔이 누런빛이어서 노린재나무라고 한다. 북녘에서는 '노란재나무'라고 한다. 집 뜰에 산울타리로 심기도 한다.

씨

키 7m
잎 1~2cm
꽃 4~5월
열매 7~8월
쓰임 도장

회양목 고양나무 *Buxus microphylla* var. *koreana*

회양목은 산기슭과 산골짜기에서 자라는 늘 푸른 떨기나무다. 북녘 강
원도 회양에서 많이 난다고 이런 이름이 붙었다. 요즘은 길가나 공원에
많이 심는다. 아주 더디게 자라지만 나무가 단단해서 도장 만드는데 많
이 쓴다고 '도장나무'라고도 한다. 열매는 여름에 밤빛으로 익는다. 열
매가 다 익으면 톡하고 터져서 세 쪽으로 갈라진다. 속에는 반짝반짝 윤
이 나는 까만 씨앗이 들어 있다.

키 10m
잎 3~7cm
꽃 10~11월
열매 이듬해 4~5월
쓰임 약

송악 *Hedera rhombea*

송악은 남쪽 지방과 울릉도에서 자라는 늘 푸른 덩굴나무다. 덩굴 군데 군데에서 뿌리가 나와 다른 나무나 바위에 붙는다. 바닷가 마을에서는 돌담 밑에 심기도 한다. 잎자루가 길고 잎몸은 매끈한데 3~5갈래로 갈 라지기도 한다. 10월에 노랗거나 옅은 풀빛을 띤 작은 꽃이 우산 꼴로 자잘자잘 모여 핀다. 꽃이 핀 이듬해 4~5월쯤 열매가 까맣게 익는다. 열매는 먹지 않고 약으로 쓴다.

가을 산 나무 열매

키 20~30m
잎 2.5cm
꽃 4~5월
열매 이듬해 10월
쓰임 약, 기름

비자나무 *Torreya nucifera*

비자나무는 남쪽 지방에서 자라는데 제주도에서는 큰 숲을 이룬다. 겨울에도 잎이 안 지는 늘 푸른 바늘잎나무이고 암수딴그루다. 잎은 뾰족해서 만지면 따끔하고, 잎 뒤쪽에는 누런 줄이 두 줄 있다. 열매는 꽃이 핀 이듬해 가을에 밤빛으로 여문다. 도토리처럼 생겼는데 상큼한 냄새가 난다. 옛날부터 기생충을 없애는 약으로 쓴다. 오줌내기 약으로도 쓰고 똥도 잘 누게 돕는다. 씨앗으로는 기름을 짜서 음식에 넣고 등잔불을 밝히고 머리에도 발랐다.

키 3m
잎 2.5cm
꽃 3~4월
열매 이듬해 8~9월
쓰임 기름

개비자나무 *Cephalotaxus koreana*

개비자나무는 중부지방과 남부 지방 산속 그늘에서 자라는 늘 푸른 바늘잎나무다. 비자나무와 닮았지만 비자나무는 20m까지 크는데 개비자나무는 다 자라도 3m쯤 밖에 안 큰다. 또 잎 가운데 맥이 앞뒤로 도드라진다. 비자나무 잎 끝은 뾰족해서 손을 찌르지만 개비자나무 잎 끝은 부드러워서 안 따갑다. 꽃이 핀 이듬해 8~9월에 둥근 열매가 불그스름한 밤빛으로 익는다. 옛날에는 씨앗으로 기름을 짜서 등잔 기름이나 머릿기름으로 썼다.

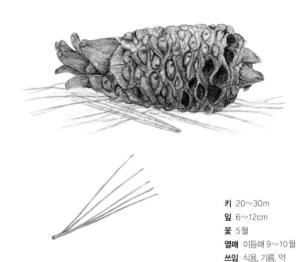

키 20~30m
잎 6~12cm
꽃 5월
열매 이듬해 9~10월
쓰임 식용, 기름, 약

잣나무 오엽송 *Pinus koraiensis*

잣나무는 높은 산에서 자라는 늘 푸른 바늘잎나무다. 잎이 다섯 개씩
모여난다. 한 그루에 잣송이가 100개쯤 달리는데 송이마다 잣이 100개
쯤 들어 있다. 잣송이는 꽃 핀 이듬해 처서 때쯤 알이 차서 9~10월에 여
문다. 송이째 따야 이듬해에도 잣이 잘 난다. 다람쥐나 청설모도 잣을
좋아한다. 잣은 날로도 먹고 수정과에 띄우거나 죽을 쑤어 먹는다. 또
기름도 짜고 약으로도 쓴다. 영양가가 많고 고소해서 아이들이나 허약
한 사람에게 좋다.

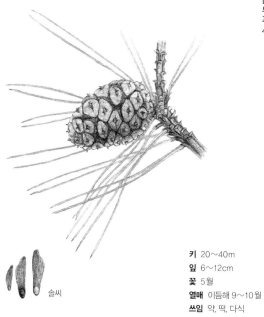

솔씨

키 20~40m
잎 6~12cm
꽃 5월
열매 이듬해 9~10월
쓰임 약, 떡, 다식

소나무 솔, 육송, 적송 *Pinus densiflora*

소나무는 온 산에 많이 자라는 늘 푸른 바늘잎나무다. 잎이 두 개씩 모여난다. 솔방울은 꽃 핀 이듬해 9월쯤 여문다. 솔씨는 날로 먹는데 맛이 고소하다. 이가 아플 때 솔방울 삶은 물을 머금고 있으면 덜 아프다. 옛날에는 소나무 껍질을 벗기고 속껍질을 먹었다. 5월이면 노란 꽃가루가 바람에 날린다. 소나무 꽃가루를 '송홧가루'라고 하는데 송홧가루를 모아서 다식을 만들어 먹는다. 솔잎은 가루를 내서 먹거나 송편 찔 때 깐다.

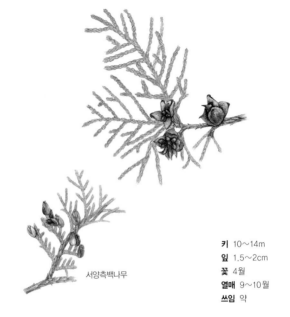

서양측백나무

키 10~14m
잎 1.5~2cm
꽃 4월
열매 9~10월
쓰임 약

측백나무 *Thuja orientalis*

측백나무는 공원이나 뜰에 많이 심는 늘 푸른 바늘잎나무다. 나무에서 좋은 냄새가 나고 가꾸기 쉬워서 산울타리로 많이 심는다. 잎은 소나무와 달리 뾰족하지 않고 짧은 가지에 물고기 비늘처럼 겹겹이 붙는다. 열매는 처음에는 풀빛이다가 9~10월쯤 밤빛으로 익는다. 다 익으면 열매가 벌어지고 씨가 드러난다. 열매를 따서 말렸다가 약으로 쓴다. 코피 날 때 물에 넣고 끓여 마시면 좋다.

키 10~12m
잎 4~10cm
꽃 6~7월
열매 9~10월
쓰임 염색

굴피나무 *Platycarya strobilacea*

굴피나무는 중부지방과 남부 지방 산기슭에서 자라는 잎 지는 큰키나무다. 잎은 쪽잎 7~19장으로 된 깃꼴겹잎이다. 9~10월쯤 작은 솔방울처럼 생긴 열매가 하늘을 보고 달린다. 만지면 까실까실하다. 열매 속에 날개 달린 작은 씨가 들어 있다. 한 나무에 수천 개씩 달리는데 겨울을 지나고 이듬해 여름까지 달려 있기도 하다. 열매를 삶아 옷감에 까만 물을 들인다.

가래

키 20~25m
잎 7~28cm
꽃 4~5월
열매 9~10월
쓰임 식용

가래나무 가래추나무 *Juglans mandshurica*

가래나무는 산에서 저절로 자라는 잎 지는 큰키나무다. 추운 곳에서 잘
자라 북쪽 지방에 흔하다. 잎은 쪽잎 9~17장으로 된 깃꼴겹잎이다. 열
매를 '가래'라고 하는데 9~10월에 익는다. 호두와 닮았는데 호두는 둥
글고 가래는 길쭉하다. 호두처럼 단단한 껍데기를 까서 속살을 먹는다.
아주 고소하고 맛있다. 꿀에 재워 먹으면 더 좋다. 껍데기가 돌같이 딱
딱한데 불에 올려놓고 기다리면 저절로 쩍 벌어진다.

씨

키 20m
잎 8~14cm
꽃 4월
열매 10월
쓰임 염색

물오리나무 산오리나무 *Alnus sibirica*

물오리나무는 산골짜기 눅눅한 땅에서 잘 자라는 잎 지는 큰키나무다. 산이 헐벗었을 때 일부러 많이 심었다. 잎은 넓적한데 뒤쪽이 하얗다. 수꽃은 아래로 길게 늘어지고 암꽃은 수꽃 밑에 붙는다. 열매는 10월쯤 짙은 밤빛으로 익는다. 작은 솔방울처럼 생겼다. 잎이 다 떨어진 뒤 이 듬해 봄까지 달려 있거나 가지째 떨어지기도 한다. 열매로 옷감에 누르 스름한 밤빛 물을 들인다.

개암

키 3~4m
잎 5~12cm
꽃 3~4월
열매 9~10월
쓰임 식용, 기름

개암나무 깨금 *Corylus heterophylla*

개암나무는 볕이 잘 드는 산기슭에서 자라는 잎 지는 떨기나무다. 암꽃
과 수꽃이 따로 핀다. 수꽃은 방망이처럼 길쭉하게 늘어지고 암꽃은 수
꽃 위쪽에 작게 핀다. 열매가 '개암'인데 10월쯤 익는다. 사람들은 '깨
금'이라고 한다. 가지째 꺾어서 발로 부비면 알맹이가 톡 튀어나온다. 밤
보다 작지만 고소하고 맛있다. 날로 많이 먹고 가루를 내서 과자도 만든
다. 몸이 약해지거나 밥맛이 없을 때 먹으면 좋다. 옛날에는 개암으로
기름을 짜서 먹거나 등잔불을 밝혔다.

키 4~6m
잎 4~10cm
꽃 3~4월
열매 10월
쓰임 식용, 기름

참개암나무 *Corylus sieboldiana*

참개암나무는 다른 개암나무처럼 볕이 잘 드는 산기슭에서 자라는 잎지는 떨기나무다. 가지를 많이 치는데 어린 가지에는 털이 있다. 개암나무보다 잎끝이 갸름하고 잎자루에 털이 있다. 잎보다 먼저 꽃이 핀다. 열매는 10월에 익는데 개암과는 사뭇 다르게 생겼다. 새 부리처럼 뾰족하고 긴 열매가 양쪽으로 마주 달린다. 맛은 개암처럼 고소하고 맛있다. 열매는 날로 먹기도 하고 기름도 짠다.

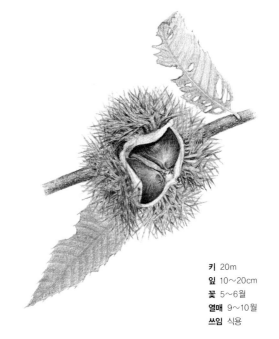

키 20m
잎 10~20cm
꽃 5~6월
열매 9~10월
쓰임 식용

밤나무 *Castanea crenata*

밤나무는 마을 가까운 산에 흔한 잎 지는 큰키나무다. 잎은 버들잎을
닮아 길쭉한데 끝이 뾰족하고 톱니가 있다. 9~10월에 밤이 여문다. 밤
송이가 벌어지면 장대로 나뭇가지를 후들겨서 딴다. 밤송이는 고슴도치
처럼 온통 가시투성이다. 한쪽을 발로 누르고 꼬챙이로 틈을 벌리면 알
밤이 나온다. 딱딱한 껍질과 보드라운 속껍질을 벗기고 속살을 먹는다.
날밤도 맛있고 삶거나 구워 먹으면 더 달다.

키 30m
잎 10~20cm
꽃 4~5월
열매 이듬해 10월
쓰임 밥, 묵, 국수

상수리나무 도토리나무 *Quercus acutissima*

상수리나무는 볕이 잘 드는 산기슭에서 자라는 잎 지는 큰키나무다. 굴
참나무와 닮았지만 상수리나무 잎은 뒤쪽이 풀빛이고 굴참나무는 허옇
다. 다른 참나무보다 도토리가 많이 안 달리지만 알이 크고 가루도 많
이 나온다. 산골에서는 농사가 잘 안 되면 도토리로 밥을 지어 먹었다.
도토리는 떫은맛을 우려낸 뒤 삶아서 밥을 지어 먹고 가루를 내어 묵을
쑤거나 국수를 만들어 먹는다.

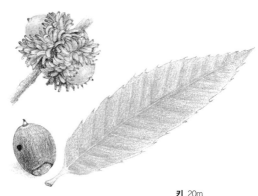

키 20m
잎 8~15cm
꽃 5월
열매 이듬해 10월
쓰임 밥, 묵, 국수

굴참나무 물갈참나무 *Quercus variabilis*

굴참나무는 상수리나무와 함께 낮은 산에서 많이 자라는 잎 지는 큰키
나무다. 잎 뒤쪽이 허옇고 줄기에 코르크가 두꺼워서 상수리나무와 다
르다. 도토리는 알이 크고 가루가 많이 나온다. 나무가 클수록 도토리
도 많이 달린다. 굴참나무와 상수리나무 도토리깍정이는 깃털처럼 잘게
갈라져 뒤로 젖혀진다. 도토리로 밥도 짓고 묵을 쑤거나 국수를 만들어
먹는다.

키 25m
잎 10~30cm
꽃 4~5월
열매 10월
쓰임 밥, 묵, 국수

떡갈나무 가랑잎나무 *Quercus dentata*

떡갈나무는 볕이 잘 드는 강가나 산자락에서 많이 자라는 잎 지는 큰키나무다. 참나무 가운데 잎이 가장 크고 잎자루가 짧다. 잎 가장자리는 물결치듯 구불구불하다. 도토리는 알이 굵어서 가루가 많이 난다. 도토리깍정이는 실처럼 얇고 부얼부얼하다. 도토리로 묵을 쑤어 먹는다. 커다란 잎으로 떡을 싸서 찌면 떡이 달라붙지 않고 좋은 냄새가 밴다. 그래서 '떡갈나무'라는 이름이 붙었다.

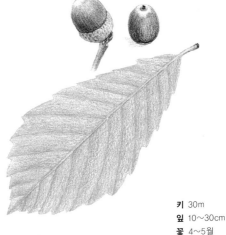

키 30m
잎 10~30cm
꽃 4~5월
열매 10월
쓰임 밥, 묵, 국수

갈참나무 재갈나무 *Quercus aliena*

갈참나무는 축축한 골짜기에 많이 자라는 잎 지는 큰키나무다. 신갈나무 잎과 닮았는데 갈참나무 잎은 잎자루가 있고 신갈나무는 거의 없다. 도토리는 알이 좀 작지만 야물어서 가루가 많이 나온다. 다른 도토리처럼 가루를 내 묵을 쑤어 먹고 콩, 팥, 감자 따위를 섞어 죽을 쑤어 먹기도 한다. 도토리깍정이는 떡갈나무나 굴참나무처럼 갈라지지 않고 기왓장처럼 단단하게 붙는다.

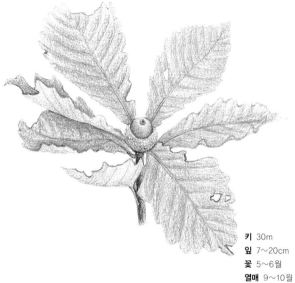

키 30m
잎 7~20cm
꽃 5~6월
열매 9~10월
쓰임 밥, 묵, 국수

신갈나무 돌참나무 *Quercus mongolica*

신갈나무는 우리나라 산에서 가장 많이 볼 수 있다. 겨울에 잎이 지는 큰키나무다. 산등성이에서 많이 보는 참나무는 거의 신갈나무다. 다른 참나무보다 도토리가 일찍 여물고 많이 달린다. 햇도토리는 추석 무렵부터 딸 수 있다. 잎 생김새가 떡갈나무와 헷갈리지만 좀 더 작다. 하지만 떡갈나무와 달리 도토리깍정이가 갈참나무 도토리처럼 단단하게 붙어 있다.

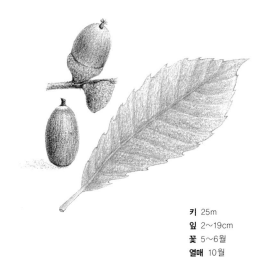

키 25m
잎 2~19cm
꽃 5~6월
열매 10월
쓰임 밥, 묵, 국수

졸참나무 속소리나무 *Quercus serrata*

졸참나무는 축축한 골짜기에서 잘 자라는 잎 지는 큰키나무다. 참나무 가운데 잎이 가장 작고 도토리도 잘다. 잎도 도토리도 작지만 나무는 다른 참나무 못지않게 굵고 크게 자란다. 도토리가 야물고 껍질도 얇아서 작아도 가루가 많이 나온다. 도토리묵도 졸참나무 도토리로 쑨 묵을 가장 쳐 준다. 도토리는 다람쥐나 멧돼지 같은 산짐승도 좋아하는 먹이다. 산짐승이 겨우내 도토리를 먹고 견디기 때문에 사람은 도토리를 너무 많이 줍지 말아야 한다.

키 20m
잎 7~12cm
꽃 4월
열매 10월
쓰임 밥, 묵, 국수

가시나무 *Quercus myrsinifolia*

가시나무는 따뜻한 남쪽 지방과 제주도 산골짜기에서 잘 자란다. 다른 참나무처럼 도토리가 달리지만, 잎이 안 지는 늘 푸른 큰키나무다. 이름은 가시나무지만 가시는 없다. 잎은 버들잎처럼 생겼고 뒤쪽이 허옇다. 다른 도토리와 달리 도토리깍정이에 가락지를 쌓은 것처럼 골이 여러 개 진다. 도토리는 먹을 수 있지만 너무 잘아서 가루가 많이 안 나온다. 남쪽 지방에서는 마당에 심거나 바닷바람을 막는 울타리로 심어 기르기도 한다.

키 5m
잎 3~6cm
꽃 4~5월
열매 9~10월
쓰임 식용, 약

으름덩굴 어름, 유름 *Akebia quinata*

으름덩굴은 낮은 산언저리에 많다. 다른 나무를 타고 오르며 자라는 잎
지는 덩굴나무다. 강원도 아래 따뜻한 지방에서 잘 자란다. 줄기는 질
겨서 껍질을 벗겨낸 뒤 바구니나 광주리를 엮는다. 열매를 '으름'이라고
하는데 9~10월쯤 익는다. 다 익으면 열매껍질이 쩍 갈라지고 안에 있는
하얀 속살이 드러난다. 꼭 작은 바나나처럼 생겼다. 하지만 바나나보다
더 달고 맛있다. 하얀 속살 안에는 까만 씨앗이 다글다글 많다. 씨로 기
름을 짜서 음식에 넣기도 한다.

키 7~15m
잎 7~12cm
꽃 4~5월
열매 8~10월
쓰임 식용, 차

돌배나무 산배나무 *Pyrus pyrifolia*

돌배나무는 산에서 자라는 잎 지는 큰키나무다. 봄에 잎보다 먼저 하얀 꽃이 핀다. 돌배는 밭에서 나는 배보다 훨씬 작고 딴딴하다. 아기 주먹만 하게 크는데 엄지손톱만큼 작은 것도 있다. 물이 많아서 시원하고 맛은 시큼하면서도 달다. 독이나 항아리 속에 넣고 뚜껑을 덮어 두면 돌배 색이 까매지면서 냄새도 짙어지고 맛도 더 달다. 얼려서도 먹고 말려서 차로 달여 먹는다.

키 1~2m
잎 2~5cm
꽃 7월
열매 10월
쓰임 광주리, 채반, 울타리

싸리나무 싸리, 삐울채 *Lespedeza bicolor*

싸리나무는 산과 들에 흔한 잎 지는 떨기나무다. 여름에 자줏빛 꽃이 자잘하게 핀다. 꽃에 꿀이 많아서 나비나 벌이 많이 꼬인다. 쪽잎 석 장이 잎자루에 달린다. 가을에 동그란 꼬투리가 밤빛으로 익는다. 옛날에는 먹을 것이 없을 때 씨를 가루 내어 떡이나 죽, 국수를 만들어 먹었다. 싸릿가지는 잘 구부러지고 질겨서 광주리나 채반을 만든다. 묶어서 마당비로 쓰고, 엮어서 울타리를 친다. 사립문도 만든다. 가을에는 잎이 노랗게 단풍 든다.

키 4m
잎 5~8cm
꽃 5월
열매 10월
쓰임 나물

고추나무 *Staphylea bumalda*

고추나무는 산기슭이나 볕이 잘 드는 산골짜기에 흔한 잎 지는 떨기나무다. 잎이 고춧잎을 닮아서 '고추나무'다. 다 자라도 4m가 안 넘는다. 잎은 쪽잎 석 장인 겹잎이다. 오월에 하얀 꽃 여러 송이가 가지 끝에 늘어지며 핀다. 열매는 방패처럼 생겼다. 처음에는 풀빛이다가 가을에 누렇게 익는다. 열매를 누르면 '픽픽' 바람 빠지는 소리가 난다. 봄에 어린 순을 뜯어서 나물로 먹는다.

고로쇠나무   신나무

키 10m
잎 7~10cm
꽃 5~6월
열매 9월
쓰임 가구, 악기

당단풍나무 *Acer pseudosieboldianum*

당단풍나무는 산에서 자라는 잎 지는 큰키나무다. 우리나라 가을 산을
온통 빨갛게 물들인다. 손바닥처럼 생긴 잎이 9~11갈래로 깊게 갈라진
다. 단풍나무는 5~7갈래로 갈라져서 다르다. 열매는 9월쯤 붉은 밤빛
으로 익는다. 날개가 달린 열매 두 개가 마주 붙어 꼭 잠자리 날개 같다.
바람이 불면 핑그르르 돌며 잘 날아간다. 나무로 가구를 짜거나 악기를
만든다.

키 15m
잎 8~15cm
꽃 7월
열매 9~10월
쓰임 약

헛개나무 *Hovenia dulcis*

헛개나무는 중부지방 아래쪽에서 자라는데 흔하지 않다. 겨울에 잎이 지는 큰키나무다. 여름 들머리에 풀빛 꽃이 피고 가을에 열매가 밤빛으로 여문다. 열매꼭지가 울퉁불퉁 부풀어 올라 이리저리 구부러진다. 동그란 열매와 열매꼭지를 먹는데 아주 달고 맛있다. 열매와 열매꼭지를 말려서 약으로 쓴다. 열매 달인 물을 먹으면 술독을 풀고 오줌이 잘 나오게 한다.

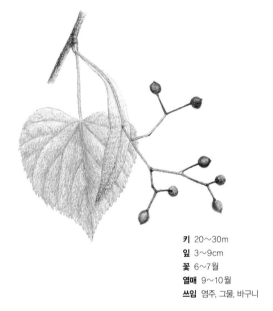

키 20~30m
잎 3~9cm
꽃 6~7월
열매 9~10월
쓰임 염주, 그물, 바구니

피나무 달피나무 *Tilia amurensis*

피나무는 높은 산에서 자라는 잎 지는 큰키나무다. 여름 들머리에 노란 꽃이 피는데 꽃대에는 버들잎처럼 생긴 꽃턱잎이 붙어 있다. 꽃턱잎은 열매가 익은 뒤에도 남아 있다. 콩알만 한 열매가 가을에 밤빛으로 익는다. 열매 속에는 단단한 씨가 들어 있다. 씨는 반질반질 윤이 나서 줄줄이 꿰어 염주를 만든다. 나무껍질로 밧줄이나 그물, 바구니를 만든다. 나무껍질이 쓸모가 많다고 '피나무'라고 한다.

키 10~15m
잎 6~12cm
꽃 5~6월
열매 10월
쓰임 약

고욤나무 고욤나무 *Diospyros lotus*

고욤은 산기슭이나 마을 뒷산에서 자라는 잎 지는 큰키나무다. 열매가 감이랑 똑 닮았는데 아주 작아서 '콩감'이라고 한다. 경상도에서는 감보다 못하다고 '깜'이라고도 한다. 가지에 다닥다닥 붙은 고욤은 누르스름한 밤빛으로 익는데 서리를 맞으면 까맣게 바뀐다. 이때 따서 단지에 넣어 겨울까지 푹 삭혀 먹는다. 숟가락으로 떠먹으면 곶감처럼 아주 달고 맛있다. 감나무를 키우려면 꼭 이 나무에 감나무를 접목한다.

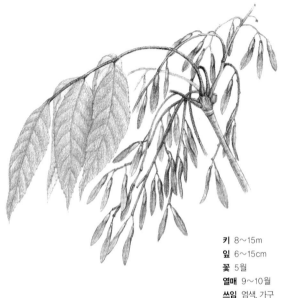

키 8~15m
잎 6~15cm
꽃 5월
열매 9~10월
쓰임 염색, 가구

물푸레나무 *Fraxinus rhynchophylla*

물푸레나무는 골짜기나 개울가에서 잘 자라는 잎 지는 큰키나무다. 가지를 꺾어 물에 담가 놓으면 푸른 물이 우러나서 '물푸레나무'다. 나무를 태운 잿물로는 옷감에 물을 들이는데 푸르스름한 잿빛이 돈다. 잎은 쪽잎 5~7장으로 된 깃꼴겹잎이다. 열매는 단풍나무 열매처럼 날개가 달려 있다. 밑으로 치렁치렁 늘어져서 꼭 꼬투리가 달린 것처럼 보인다. 나무가 단단하고 무늬가 예뻐서 가구를 많이 만든다.

키 20m
잎 1.5~2.5cm
꽃 4월
열매 8~9월
쓰임 식용, 술

주목 적목, 경목 *Taxus cuspidata*

주목은 높은 산에서 저절로 자라는 늘 푸른 바늘잎나무다. 공원이나
길가에도 많이 심는다. 암수딴그루다. 나무껍질이 빨갛다고 한자말로
'주목'이다. 잎은 끝이 뾰족한데 부드러워서 만져도 따갑지 않다. 8~9
월쯤 앵두만 한 열매가 빨갛게 익는다. 열매 끝이 열려 있어서 안에 들
어 있는 거무스름한 씨앗이 보인다. 손으로 만져 보면 끈적끈적한 물이
나온다. 먹으면 맛이 들큼한데, 씨에는 독이 있어서 꼭 뱉어 내야 한다.
열매로 술을 담근다.

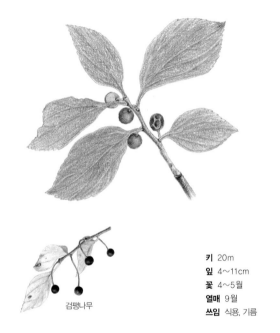

검팽나무

키 20m
잎 4~11cm
꽃 4~5월
열매 9월
쓰임 식용, 기름

팽나무 달주나무, 매태나무 *Celtis sinensis*

팽나무는 산언저리나 냇가에서 자라는 잎 지는 큰키나무다. 오래 살아서 천 년 넘게 살기도 한다. 한 곳에 뿌리를 내리면 오래도록 마을을 지키는 정자나무가 된다. 아름드리로 자라서 그늘이 넓다. 잎은 어긋나고 사오월에 잎과 함께 꽃이 햇가지에서 핀다. 열매는 '팽'이라고 하는데 크기는 콩알만 하고 10월쯤 귤빛으로 익는다. 살은 별로 없지만 달고 맛있다. 열매로 기름도 짠다. 열매가 까맣게 익으면 검팽나무다.

어린 열매

키 10m
잎 6~10cm
꽃 6월
열매 9~10월
쓰임 식용, 약, 술

꾸지뽕나무 굿가시나무 *Cudrania tricuspidata*

꾸지뽕나무는 산기슭이나 들판에서 자라는 잎 지는 큰키나무다. 꾸지
뽕나무는 꽃과 열매가 다른 뽕나무와 사뭇 다르다. 뽕나무 열매는 두루
'오디'라고 한다. 오디는 늦여름부터 익기 시작해서 가을에 빨갛게 익
는다. 덜 익었을 때는 뽕나무 오디만 한데 다 익을 때쯤이면 동전만큼
커진다. 다른 오디처럼 달고 맛있다. 꾸지뽕나무는 흔하지 않다. 다른
뽕나무와 달리 가지에 긴 가시가 나 있다.

키 1~3m
잎 3~7cm
꽃 5월
열매 9~10월
쓰임 약

매자나무 *Berberis koreana*

매자나무는 볕이 잘 드는 산기슭에서 자라는 잎 지는 떨기나무다. 우리
나라 토박이 나무지만 흔하지 않다. 가지에 3~5갈래로 갈라진 날카로
운 가시가 있다. 잎은 모여나고 가장자리에 날카로운 톱니가 있다. 가을
에 잎이 빨갛게 물든다. 봄에 잎겨드랑이에서 노란 꽃이 조롱조롱 매달
려서 핀다. 열매는 9월쯤 빨갛게 익는다. 가지에 당글당글 매달려서 아
래로 축 늘어진다. 열매는 날로 안 먹고 달여서 위장병, 입안 염증, 폐렴
에 약으로 먹는다.

벌어진 열매

키 4~10m
잎 6~15cm
꽃 5~6월
열매 9월
쓰임 약, 기름

함박꽃나무 목란^북, 산목련 *Magnolia sieboldii*

함박꽃나무는 산골짜기에 많이 자라는 잎 지는 큰키나무다. 오뉴월에
어른 주먹만 한 하얀 꽃이 탐스럽게 핀다. 우리나라 토박이 나무다. 꽃
이 목련을 닮아서 '산목련'이라고도 한다. 9~10월에 둥그런 열매가 빨
갛게 익는다. 열매가 잘 익으면 주머니 속에 두 알씩 들어 있는 주홍빛
씨앗이 드러난다. 씨앗은 실 같은 줄에 붙어 있어서 잘 떨어지지 않고
대롱대롱 매달린다.

키 1~2m
잎 5~10cm
꽃 4~5월
열매 9~10월
쓰임 약

까마귀밥나무 *Ribes fasciculatum var. chinense*

까마귀밥나무는 산어귀에서 자라는 잎 지는 떨기나무다. 암수딴그루
다. 다 자라도 어른 키만 하다. 잎은 3~5갈래로 갈라진 손바닥 모양이
다. 뒤쪽에 하얗고 부드러운 털이 빽빽이 난다. 잎자루도 짧은 털로 덮
여 있다. 열매를 까마귀가 잘 먹어서 '까마귀밥'이라는 이름이 붙었다.
9~10월에 찔레 열매처럼 동그란 열매가 빨갛게 익는데 이듬해 봄까지
달려 있다. 쓴맛이 나서 날로는 안 먹고 약으로만 쓴다. 달인 물을 먹으
면 열이 내리고 목마름이 가신다.

키 5~6m
잎 2~3cm
꽃 5~6월
열매 9월
쓰임 약

찔레나무 들장미 *Rosa multiflora*

찔레나무는 산기슭이나 개울가에서 자라는 잎 지는 떨기나무다. 가지
가 길게 늘어지면서 덤불을 이룬다. 모내기 철에 하얀 꽃이 피는데 향기
도 좋고 달큰한 맛이 나서 따 먹는다. 새순도 먹는데 껍질을 벗겨 씹으면
아삭아삭하고 시원한 물이 나온다. 열매는 가을에 빨갛게 익는다. 작고
단단한 열매가 이듬해 봄까지 가지에 달려 있다. 잘 말렸다가 몸이나 머
리에 부스럼이 났을 때 달인 물로 씻으면 좋다. 찔레 열매는 새들도 좋아
해서 많이 먹는다. 장미는 찔레나무를 개량한 나무다.

키 7~8m
잎 5~10cm
꽃 5월
열매 9~10월
쓰임 약, 차, 잼, 술

산사나무 <small>찔광나무^북, 아가위나무</small> *Crataegus pinnatifida*

산사나무는 산기슭에서 자라는 잎 지는 작은키나무다. 봄에 하얀 꽃이
피고 작은 사과처럼 생긴 열매도 보기 좋아서 공원이나 마당에 많이 심
는다. 가지를 많이 치는데 햇가지에는 날카로운 가시가 난다. 잎은 들쭉
날쭉 깊이 팬다. 9~10월에 빨간 열매가 온 나무를 뒤덮는다. 열매껍질
에는 자잘한 하얀 점이 있다. 씹으면 아삭아삭하지만 맛이 시큼털털해
서 날로는 잘 안 먹는다. 차로 달이거나 잼을 만들어 먹고 술을 담근다.
기침감기나 소화가 안 될 때 약으로도 쓴다.

키 6~7m
잎 3~8cm
꽃 5~6월
열매 9~10월
쓰임 식용

야광나무 팥사과나무 *Malus baccata*

야광나무는 산기슭이나 산골짜기에서 자라는 잎 지는 작은키나무다. 어린잎은 털이 있지만 자라면서 곧 없어진다. 봄에 하얀 꽃이 짧은 가지 끝에 모여 핀다. 꽃 핀 모습을 밤에 보면 마치 불을 켜 놓은 듯 환하다고 '야광나무'다. 꽃도 열매도 사과나무를 꼭 닮았다. 굵은 콩알만 한 열매는 9~10월에 빨갛게 익는다. 열매 자루가 길어서 밑으로 축 처진다. 아주 작고 맛이 시고 떫다. 서리 내린 뒤에 따 먹는다.

키 7~10m
잎 2~8cm
꽃 5~6월
열매 9~10월
쓰임 약, 차, 술

마가목 *Sorbus commixta*

마가목은 깊은 산 중턱이나 꼭대기에 모여 자라는 잎 지는 큰키나무다. 꽃과 열매가 보기 좋아서 공원이나 뜰에도 많이 심는다. 잎은 쪽잎 9~13장으로 된 깃꼴겹잎이다. 9~10월에 빨갛고 콩알만 한 열매가 다글다글 달린다. 한창 열매가 달릴 때는 온 나무가 빨갛게 보이기도 한다. 열매는 날로 안 먹고 말려서 차나 술을 담그고 약으로 쓴다. 뼈마디가 아플 때나 기침, 가래에 좋다. 산짐승이나 새들이 열매를 잘 먹는다.

키 15m
잎 5~10cm
꽃 5~6월
열매 9~10월
쓰임 식용, 약

팥배나무 *Sorbus alnifolia*

팥배나무는 나무가 우거진 산속이나 바위틈에서 자라는 잎 지는 큰키 나무다. 늦봄에서 여름 들머리 사이 햇가지 끝에 하얀 꽃이 모여서 핀 다. 열매 빛깔은 팥처럼 빨갛고 생김새는 꼭 배를 닮았다. 그래서 이름 도 '팥배나무'다. 9~10월에 잘 익은 팥배를 훑어 먹으면 새콤달콤 맛있 다. 새들도 잘 먹는다. 이듬해 봄까지도 팥배가 빨갛게 달려 있다. 팥배 는 햇볕에 잘 말려서 약으로 쓴다. 열이 나거나 기침할 때 달인 물을 마 시면 좋다.

키 5m
잎 5~12cm
꽃 8~9월
열매 9~10월
쓰임 약

붉나무 뿔나무, 오배자나무 *Rhus japonica*

붉나무는 볕이 잘 드는 산기슭에서 자라는 잎 지는 작은키나무다. 암수
딴그루다. 단풍이 유난히 붉다고 '붉나무'다. 가을이면 온 잎사귀가 빨
갛게 물든다. 잎자루에 날개가 있고 아까시나무 잎처럼 쪽잎이 여러 장
달린다. 열매는 작고 동글납작하고 포도송이처럼 달린다. 겉에 짠맛이
나는 하얀 가루가 덮여 있다. 옛날에는 이 가루로 짠물을 내서 두부 만
들 때 간수로 썼다. 잎에는 '오배자'라고 하는 벌레집이 달리는데 살갗에
부스럼이 날 때 약으로 쓰고 옷감에 잿빛이 도는 보랏빛 물을 들인다.

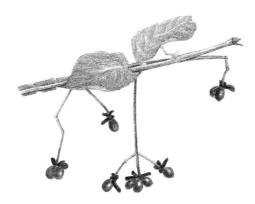

키 1〜3m
잎 3〜5cm
꽃 5〜6월
열매 9〜10월
쓰임 약

화살나무 참빗나무, 참빗살나무 *Euonymus alatus*

화살나무는 볕이 잘 드는 산기슭에서 자라는 잎 지는 떨기나무다. 가지에 화살깃처럼 생긴 날개가 있다고 '화살나무'다. 요즘에는 길가에 많이 심는다. 겨울에 잎이 다 떨어져도 가지를 보고 알 수 있다. 가을에 잎이 빨갛게 단풍 든다. 열매는 10월에 빨갛게 익는다. 다 익으면 동그란 열매껍질이 터지면서 저절로 벌어져 빨갛고 동그란 씨가 쏙 나온다. 열매는 가루를 내서 고약을 만들어 피부병에 바르는 약으로 쓴다.

키 1~2m
잎 3~8cm
꽃 6월
열매 10월
쓰임 약

참회나무 *Euonymus oxyphyllus*

참회나무는 비탈진 산골짜기에 많이 자라는 잎 지는 떨기나무다. 가지
가 길게 늘어지고 덤불을 이룬다. 꽃은 아주 작고 하얗거나 보랏빛이다.
여름 들머리쯤 잎겨드랑이에 여러 송이가 모여 핀다. 10월에 빨간 열매
가 긴 열매꼭지에 매달려서 밑으로 축 처져 달린다. 다 익으면 다섯 갈
래로 벌어지고 속에 있던 빨간 씨가 드러난다. 열매는 머릿니를 없애는
약으로 썼다.

키 8m
잎 5~15cm
꽃 5~6월
열매 10월
쓰임 약

참빗살나무 *Euonymus hamiltonianus*

참빗살나무는 산기슭이나 강가나 바닷가에서 자라는 잎 지는 큰키나무다. 이 나무로 참빗을 만든다고 '참빗살나무'다. 큰 나무에서 가지가 회초리처럼 가늘고 길게 뻗는다. 5~6월에 햇가지 아래쪽에서 작고 연한 풀빛 꽃이 성글게 모여 핀다. 10월쯤 열매가 익는데 다 익으면 네 갈래로 갈라지면서 속에 있던 빨간 씨가 드러난다. 열매를 따서 말렸다가 약으로 쓰는데 독이 있어서 오래 먹으면 안 된다.

키 12m
잎 5~10cm
꽃 5월
열매 10월
쓰임 약, 기름

노박덩굴 *Celastrus orbiculatus*

노박덩굴은 산기슭과 산골짜기, 돌담 같은 곳에서 나무나 바위를 타고 자라는 잎 지는 덩굴나무다. 볕이 잘 드는 곳을 좋아한다. 암수딴그루다. 늦봄에 노란 꽃이 피고, 10월쯤 콩알만 한 열매가 익는다. 다 여물면 열매가 세 쪽으로 갈라지면서 속에 있던 빨간 씨가 드러난다. 이 씨를 새가 아주 좋아해서 겨울에 새들이 바글바글 모인다. 껍질에서 실을 뽑고 씨는 기름을 짠다. 봄에 새순을 따서 나물로 먹는다.

키 2~3m
잎 3~7cm
꽃 3월
열매 7월
쓰임 식용, 술

뜰보리수 *Elaeagnus multiflora*

일부러 뜰에다 심는다고 '뜰보리수'라는 이름이 붙었다. 따뜻한 곳을 좋아하는 잎 지는 떨기나무다. 남쪽 지방에서 많이 심는다. 여름 들머리에 빨간 열매가 나무에 주렁주렁 매달린다. 보리수보다 뜰보리수 열매가 살도 많고 맛있다. 보리수처럼 '보리똥'이라고도 하는데, 여름에 시장에서 보리수 열매라고 팔면 죄다 뜰보리수 열매다. 보리수 열매는 가을에 익는다.

키 3~5m
잎 3~7cm
꽃 5~6월
열매 10월
쓰임 식용, 약

보리수나무 보리똥나무 *Elaeagnus umbellata*

보리수나무는 산과 들에서 자라는 잎 지는 떨기나무다. 울안에 일부러 심기도 한다. 열매를 '보리수'라고 하는데 '보리똥'이나 '퍼리똥'이라고 도 한다. 가을에 빨갛게 익고 겉에 하얀 점이 자잘자잘 많다. 열매는 뜰 보리수보다 작다. 한 손 가득 따서 한꺼번에 입에 털어 넣고 먹으면 조금 떫지만 달고 맛있다. 따서 바로 먹기도 하고 약으로도 쓴다. 소화를 돕 고 설사를 멎게 하고 기침을 멈춘다.

키 10m
잎 5〜12cm
꽃 6월
열매 10월
쓰임 식용, 약

산딸나무 *Cornus kousa*

산딸나무는 중부지방과 남부 지방 산기슭에서 자라는 잎 지는 큰키나무다. 여름 들머리에 하얀 꽃이 탐스럽게 피고 빨간 열매도 예뻐서 공원이나 아파트 단지에 많이 심는다. 열매가 산딸기처럼 생겼다고 '산딸나무'라는 이름이 붙었다. 열매는 가을에 빨갛게 익는데 큰 것은 탁구공만 하다. 푸석푸석하지만 달고 맛있다. 속에 쌀알만 한 씨가 네 개쯤 들어 있다. 술을 담그기도 한다.

키 4~7m
잎 4~12cm
꽃 3~4월
열매 8~10월
쓰임 차, 술, 약

산수유 산채황 *Cornus officinalis*

산수유는 이른 봄에 노랗고 향기로운 꽃이 피는 잎 지는 작은키나무다.
사람들이 일부러 심어 기른 나무가 퍼져서 요즘에는 산에도 많다. 아파
트 단지나 공원에도 많이 심는다. 8~10월에 새빨간 열매가 수천 개씩
달린다. 멀리서 보면 나무가 온통 빨갛게 보인다. 서리 내린 뒤 나무를
털어서 열매를 딴다. 날로는 안 먹고 차나 술을 담그고, 말렸다가 약으
로 쓴다. 달인 물을 먹으면 몸이 튼튼해지고 귀가 밝아지며 오줌을 자
주 누는 병을 고친다.

키 1~2m
잎 3~8cm
꽃 7~8월
열매 10월
쓰임 뜰 나무

좀작살나무 *Callicarpa dichotoma*

좀작살나무는 중부지방과 남부 지방 산에 흔한 잎 지는 떨기나무다. 꽃과 열매가 보기 좋아서 뜰이나 공원에도 많이 심는다. 줄기는 진보랏빛이고 가늘며 별 모양 털이 있다. 여름에 연보랏빛 작은 꽃이 잎겨드랑이에 모여 핀다. 10월쯤 작은 구슬 같은 열매가 짙은 보랏빛으로 익는데 빛깔이 뚜렷하고 예뻐서 눈에 확 띈다. 빛깔은 곱지만 안 먹는다. 겨울에도 열매가 그대로 달려 있다.

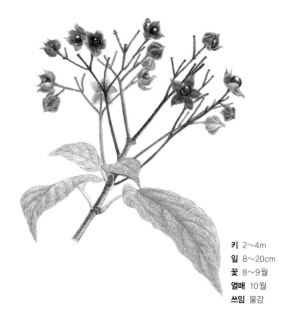

키 2~4m
잎 8~20cm
꽃 8~9월
열매 10월
쓰임 물감

누리장나무 누린내나무^북 *Clerodendrum trichotomum*

누리장나무는 볕이 잘 드는 산에서 자라는 잎 지는 떨기나무다. 잎에서
누린내가 난다고 '누리장나무'라는 이름이 붙었다. 강원도에서는 똥 냄
새가 난다고 '개똥나무'라고도 한다. 줄기에 짧은 밤색 털이 있고 가지
를 많이 친다. 8~9월에 끝이 다섯 갈래로 갈라진 하얀 꽃이 핀다. 열매
는 빨간 꽃받침에 싸여 있다가 10월쯤 꽃받침이 벌어지면 드러난다. 보
랏빛이 도는 푸른빛인데 알이 작고 동그랗다. 열매로 물감을 만든다.

키 3~4m
잎 4~10cm
꽃 5~6월
열매 9월
쓰임 뜰 나무

덜꿩나무 *Viburnum erosum*

덜꿩나무는 산에서 자라는 잎 지는 떨기나무다. 꽃과 열매가 보기 좋아서 공원이나 아파트 단지에 심어 기른다. 가지를 많이 치고 줄기 속은 하얗다. 어린 가지에는 별 모양 털이 배게 난다. 잎은 마주나고 잎자루 뿌리 쪽에 작은 턱잎이 있다. 덜꿩나무랑 닮은 가막살나무에는 턱잎이 없다. 봄부터 여름 들머리까지 하얀 꽃이 우산 꼴로 화사하게 핀다. 9월쯤 콩알만 한 열매가 빨갛게 익는데 사람은 잘 안 먹고 새들이 많이 먹는다. 덜꿩나무 열매는 동그랗고 가막살나무 열매는 조금 길쭉하다.

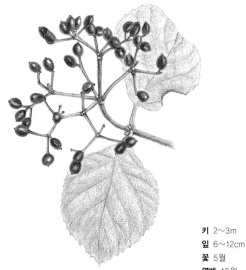

키 2~3m
잎 6~12cm
꽃 5월
열매 10월
쓰임 약

가막살나무 *Viburnum dilatatum*

가막살나무는 볕이 잘 드는 낮은 산 중턱에서 자라는 잎 지는 떨기나무
다. 어린 가지는 붉은 밤빛인데 거친 털이 있다. 잎에도 털이 있다. 5월에
자잘한 하얀 꽃이 우산 꼴로 피는데 멀리서 보면 안개가 낀 것처럼 뿌옇
다. 10월쯤 덜꿩나무 열매보다 길쭉한 열매가 빨갛게 익는다. 빨간 열매
는 겨울에도 내내 가지에 달려 있다. 말렸다가 달여서 약으로 쓰거나 술
을 담근다. 피를 맑게 해서 동맥경화에 좋다.

키 2~3m
잎 5~10cm
꽃 5월
열매 9~10월
쓰임 약

백당나무 접시꽃나무^북 *Viburnum opulus* var. *calvescens*

백당나무는 산기슭이나 산골짜기에서 자라는 잎 지는 떨기나무다. 잎은 세 갈래로 얕게 갈라지고 뒤쪽에만 털이 있다. 5월에 하얀 꽃이 접시처럼 동그랗게 모여 핀다고 '접시꽃나무'라고도 한다. 가장자리에 있는 꽃은 꽃잎만 있고 열매는 맺지 못하는 가짜 꽃이다. 9월부터 잎이 빨갛게 물들고 작고 둥근 열매도 빨갛게 익는다. 겨울까지 달려 있기도 한데 겨울에는 고약한 냄새가 난다. 날로는 안 먹고 뜨거운 물에 우려서 오줌 내기 약으로 쓴다.

키 4~5m
잎 5~10cm
꽃 5~6월
열매 8~9월
쓰임 식용, 약

괴불나무 아귀꽃나무[북], 개불낭 *Lonicera maackii*

괴불나무는 산기슭이나 개울가 그늘진 숲에서 자라는 잎 지는 떨기나무다. 줄기 속은 밤빛인데 비어 있다. 속이 차 있고 꽃자루 하나에 꽃이 하나면 댕댕이나무, 꽃이 두 개면 올괴불나무다. 어린 가지는 풀빛이고 털이 있다. 5~6월에 하얀 꽃이 피는데 입술 모양으로 갈라진다. 열매는 8~9월에 앵두처럼 빨갛게 익는다. 속이 들여다보일 듯이 맑은 빛깔 열매가 두 알씩 마주 보고 달린다. 날로도 먹고 말렸다가 약으로도 쓴다. 새들도 이 열매를 좋아한다. 잎을 오줌내기 약으로 쓴다.

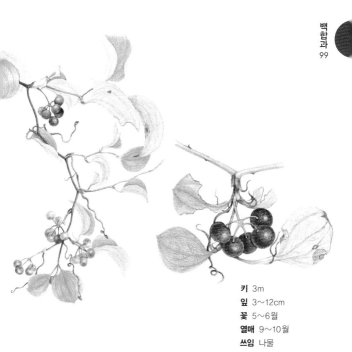

키 3m
잎 3~12cm
꽃 5~6월
열매 9~10월
쓰임 나물

청미래덩굴 통가리, 종가시덩굴 *Smilax china*

청미래덩굴은 볕이 잘 드는 산기슭에서 자라는 잎 지는 덩굴나무다. 아주 흔한 나무인데 다른 나무를 잘 타고 오른다. 가지를 많이 치고 줄기에 마디가 진다. 줄기와 가지에는 갈고리처럼 생긴 가시가 난다. 잎자루에서 덩굴손이 두 개씩 길게 나온다. 늦봄에 덩굴손 옆으로 꽃대가 길게 올라와 풀빛 꽃이 우산 꼴로 모여 핀다. 9~10월쯤 동그란 열매가 빨갛게 익는다. 겨울까지도 달려 있는데 맛이 떨떠름해서 잘 안 먹는다. 어린순은 나물로 먹고 다 자란 잎으로는 떡을 싸기도 한다.

키 20m
잎 0.4~1cm
꽃 4월
열매 이듬해 10월
쓰임 향, 가구

향나무 상나무, 노송나무 *Juniperus chinensis*

향나무는 섬이나 바닷가 산기슭에서 자라는 늘 푸른 바늘잎나무다. 나무에서 좋은 냄새가 난다고 '향나무'라는 이름이 붙었다. 오래 살아서 울릉도에는 천 년이 넘게 산 향나무도 있다. 오래된 가지에는 부드러운 비늘잎이 나지만 어린 가지에는 뾰족한 바늘잎이 난다. 열매는 다 익으면 조각조각 벌어져서 속에 든 씨앗이 드러난다. 열매가 아주 많이 달리는데 10월쯤 검은 자줏빛으로 익는다. 나무로 향이나 가구를 만든다.

키 5~10m
잎 1.2~1.7cm
꽃 4~5월
열매 이듬해 10~12월
쓰임 약, 농기구

노간주나무 노가지나무^북 *Juniperus rigida*

노간주나무는 바위가 많은 산기슭이나 메마른 땅에서 잘 자라는 늘 푸른 바늘잎나무다. 잎은 세 개씩 돌려나는데 짧고 빳빳하다. 가시처럼 뾰족해서 찔리면 아프다. 암수딴그루다. 꽃 핀 이듬해 10월쯤 콩알만 한 열매가 검붉게 익고 겉에는 흰 가루가 덮인다. 말렸다가 오줌내기나 소화를 돕는 약으로 달여 먹는다. 술을 담그기도 하고 기름을 짜서 약으로 쓴다. 기름은 관절염이나 근육통에 좋은데 독이 있어서 조심해야 한다. 나무가 잘 휘고 단단해서 소코뚜레 같은 도구를 만든다.

키 15~20m
잎 8~13cm
꽃 5월
열매 9월
쓰임 식용

풍게나무 *Celtis jessoensis*

풍게나무는 산기슭이나 산골짜기에서 자라는 잎 지는 큰키나무다. 잎
은 팽나무 잎과 닮았는데 가장자리 아래에도 톱니가 있고 잎자루가 길
다. 잎 뒷면에 잎맥이 세 갈래로 뚜렷하게 갈라진다. 열매도 팽나무와
닮았는데 열매꼭지가 더 길다. 팽나무처럼 가을에 새끼손톱만 한 열매
가 까맣게 익는다. 군것질거리가 많이 없던 옛날에는 아이들이 많이 따
먹었다.

키 3m
잎 3~12cm
꽃 5~6월
열매 10월
쓰임 식혜, 약

댕댕이덩굴 댕강넝쿨 *Cocculus trilobus*

댕댕이덩굴은 산기슭이나 길가에 흔하게 자라는 잎 지는 덩굴나무다. 5~6월에 하얀 꽃이 핀다. 열매는 10월쯤 익는다. 하늘빛이던 열매가 익으면서 점점 까맣게 바뀌고 겉에 뽀얀 분이 덮인다. 날로는 안 먹고 열매 삶은 물로 밥을 해서 식혜를 만든다. 기침할 때 이 물을 마시면 좋다. 덩굴은 바구니를 엮고, 뿌리는 열을 내리고 오줌을 누게 하는 약으로 쓴다. 하지만 독이 있어서 조심해서 써야 한다.

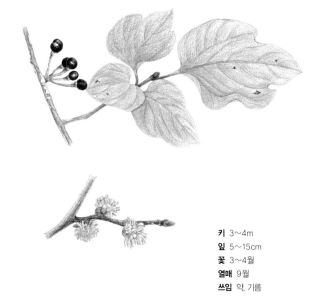

키 3~4m
잎 5~15cm
꽃 3~4월
열매 9월
쓰임 약, 기름

생강나무 동백나무 *Lindera obtusiloba*

생강나무는 산기슭에서 자라는 잎 지는 작은키나무다. 잎과 가지에서 생강 냄새가 난다고 이런 이름이 붙었다. 강원도에서는 '동백나무'라고 한다. 이른 봄에 산수유꽃과 닮은 노란 꽃이 한 달쯤 핀다. 산수유꽃은 꽃대가 길고 잎이 여섯 장이다. 생강나무꽃은 꽃대가 거의 없이 짧고 꽃잎이 넉 장이다. 꽃이 지면 푸르스름한 열매가 달리고 9월쯤 까맣게 익는다. 열매로 기름을 짜서 머릿기름으로 쓴다. 이 기름을 '동백기름'이라고도 한다. 봄에 새순을 따서 차로 우려먹는다.

키 2m
잎 4~8cm
꽃 4~5월
열매 8~9월
쓰임 뜰 나무

병아리꽃나무 *Rhodotypos scandens*

병아리꽃나무는 산기슭이나 산골짜기에서 자라는 잎 지는 떨기나무다.
4~5월에 큼직한 하얀 꽃이 핀다. 꽃이 탐스럽고 예뻐서 공원이나 뜰에
많이 심는다. 군더더기 없이 핀 하얀 꽃이 꼭 병아리처럼 귀엽다고 나무
이름이 '병아리꽃나무'다. 잎은 짙은 풀빛인데 잎맥이 뚜렷하고 뒤쪽에
털이 있다. 8~9월쯤 꽃이 진 자리에 까만 열매가 네 개씩 모여 달리는
데 먹지는 않는다.

키 3m
잎 2~5cm
꽃 4~5월
열매 10월
쓰임 식용

콩배나무 *Pyrus calleryana* var. *fauriei*

콩배나무는 산기슭과 들판에서 자라는 잎 지는 떨기나무다. 열매가 콩
알만 하고 배를 닮았다고 이름이 '콩배나무'다. 가지를 많이 치고 어린
가지에 하얀 껍질눈이 뚜렷하다. 4~5월에 자잘한 꽃이 가지 끝에 5~9
개씩 모여서 핀다. 꽃이 지고 푸르댕댕한 콩배가 달리는데 10월쯤 까맣
게 익는다. 껍질에 점이 자잘하게 많다. 덜 익었을 때는 엄청 시고 떫지
만 다 익으면 물큰하고 단맛이 난다.

키 3m
잎 1~4cm
꽃 5월
열매 9월
쓰임 양념

초피나무 *Zanthoxylum piperitum*

초피나무는 중부 아래쪽 지방에서 자라는 잎 지는 떨기나무다. 암수딴
그루다. 산초나무와 닮았는데, 초피나무는 잎이 더 쪼글쪼글하고 줄기
에 가시가 마주나 있다. 산초나무 가시는 어긋난다. 초피는 다 익으면 열
매껍질이 터지면서 까만 씨앗이 드러난다. 양념으로 쓰려면 다 익기 전
에 따야 한다. 열매껍질과 씨를 함께 갈아서 양념으로 쓰고 씨는 기름
을 짠다. 초피 가루는 미꾸라지 국에 많이 넣는다. 생선 요리에 넣으면
비린내를 없애고 음식이 상하는 것을 막아 준다.

키 1~3m
잎 2~5cm
꽃 7~8월
열매 9~10월
쓰임 약, 기름

산초나무 분지나무 *Zanthoxylum schinifolium*

산초나무는 산기슭에서 흔하게 자라는 잎 지는 떨기나무다. 초피나무보
다 더 흔하다. 산초나무 가지에는 가시가 어긋나게 붙고, 초피나무는 마
주난다. 초피와 달리 양념으로 쓰기보다는 기름을 짜서 많이 쓴다. 초피
나무보다 향이 덜하다. 전을 부치거나 나물 무칠 때 이 기름을 넣는다.
천식이나 기침을 고치는 약으로도 쓴다. 고뿔이 온다 싶을 때 산초 기름
에 두부를 지져 먹으면 맛도 좋고 기침도 낫는다.

키 10~15m
잎 5~10cm
꽃 5~6월
열매 8~10월
쓰임 약, 염색

황벽나무 황경피나무^북 *Phellodendron amurense*

황벽나무는 깊은 산골짜기에서 자라는 잎 지는 큰키나무다. 암수딴그루다. 나무 속껍질이 노랗다고 '황벽나무'라는 이름이 붙었다. 잎은 쪽잎 5~13장으로 된 깃꼴겹잎이다. 6월쯤 노란 꽃이 가지 끝에 모여서 핀다. 열매는 9~10월에 까맣게 익는다. 겨울을 나고 이듬해까지도 달려있다. 새들이 열매를 좋아해서 곧잘 따 먹는다. 속껍질은 약으로 쓰고 옷감에 노란 물도 들인다. 옛사람들은 한지에 황벽나무 물을 들였다. 그러면 책에 좀이 안 슬고 오래갔다.

키 10~15m
잎 12~25cm
꽃 5~6월
열매 9~10월
쓰임 식용, 약, 술, 잼

왕머루 산포도 *Vitis amurensis*

왕머루는 산기슭이나 산골짜기에 많이 자라는 잎 지는 덩굴나무다. 다른 나무를 기어오르거나 땅바닥으로 뻗어 나가면서 자란다. 땅이 축축한 담장 밑에 심어도 잘 자란다. 잎은 심장 꼴이고 얕게 갈라진다. 가을에 빨갛게 단풍이 든다. 잎 뒤에 붉은 밤색 털이 있으면 머루고, 털이 없으면 왕머루다. 열매는 '머루', '멀구', '산포도'라고 한다. 9~10월이면 까맣게 익는다. 포도와 닮았지만 알이 성기게 붙는다. 새콤달콤하고 맛있다. 서리를 맞으면 쪼글쪼글해지는데 더 맛있다. 술도 담근다.

키 5m
잎 7~15cm
꽃 6~7월
열매 9월
쓰임 약

개머루 *Ampelopsis heterophylla*

개머루는 밭둑이나 낮은 산에 아주 많이 자라는 잎 지는 덩굴나무다.
줄기에 긴 마디가 있고 구불구불하다. 덩굴손은 잎과 마주난다. 열매는
까맣고 탐스럽게 영글지만 먹지는 않는다. 그래서 이름도 '개머루'다.
포도나 다른 머루보다 더 성기게 달린다. 관절이 아프거나 콩팥이나 간
이 안 좋을 때 열매를 달여서 약으로 먹는다. 또 달인 물로 상처를 닦아
내면 잘 낫는다.

키 10~30m
잎 10~30cm
꽃 5~8월
열매 9~10월
쓰임 나물

음나무 엄나무 *Kalopanax septemlobus*

음나무는 볕이 잘 드는 산기슭이나 산골짜기에서 자라는 잎 지는 큰키
나무다. 나무가 빨리 자라서 동네 어귀에 당산나무로 심기도 한다. 어린
가지에는 가시가 많은데 클수록 차츰 없어진다. 작고 노란 꽃이 가지 끝
에 모여 핀다. 열매는 작은 콩알만 하다. 10월쯤 까맣게 익는다. 새들이
아주 좋아해서 온 동네가 시끄러울 정도로 많이 찾아온다. 봄에 어린순
을 먹는데 두릅처럼 맛있다고 '개두릅'이라고 한다. 나무껍질은 온몸이
굳거나 아플 때, 살갗에 부스럼이 났을 때 달여 먹는다.

키 3~5m
잎 6~15cm
꽃 8~9월
열매 9~10월
쓰임 술, 차

오갈피나무 *Eleutherococcus sessiliflorus*

오갈피나무는 산기슭이나 산골짜기에서 자라는 잎 지는 떨기나무다. 약에 쓰려고 일부러 마당에 심기도 한다. 잎이 다섯 장씩 손가락 모양으로 모여 붙는다고 '오갈피나무'다. 더러 석 장씩 붙기도 한다. 8~9월에 자잘한 자줏빛 꽃이 탁구공처럼 둥글게 모여 피고, 열매는 10월에 까맣게 익는다. 날로는 안 먹고 술을 담그거나 차를 끓여 마신다. 나무껍질은 물에 달여서 신경통이나 관절염에 약으로 쓰는데 약효가 좋아서 '나무인삼'이라고도 한다.

키 20m
잎 5~12cm
꽃 5~6월
열매 8~9월
쓰임 뜰 나무

층층나무 꺼그렁나무 *Cornus controversa*

층층나무는 산 중턱이나 골짜기에서 자라는 잎 지는 큰키나무다. 가지
가 해마다 한 층씩 나란히 돌려나서 여러 층이 진다. 그래서 이름도 '층
층나무'다. 가지가 옆으로 넓게 퍼져 그늘이 넓고 꽃이 예뻐서 공원이나
학교에 많이 심는다. 5월쯤 하얀 꽃이 온 나무를 뒤덮듯이 핀다. 9월쯤
작고 동그란 열매가 까맣게 익는다. 가지에 많이 달리는데 새들이 잘 먹
는다. 나무로 가구를 짠다.

키 3~5m
잎 3~8cm
꽃 7~8월
열매 10월
쓰임 약

광나무 푸른검정알나무^북 *Ligustrum japonicum*

광나무는 바닷가 낮은 산기슭에서 자라는 늘 푸른 떨기나무다. 쥐똥나무와 닮았는데 쥐똥나무와 달리 남부 지방에서만 자라고 겨울에도 잎이 안 진다. 잎은 반지르르하다. 7~8월에 하얀 꽃이 가지 끝에 원뿔꼴로 모여 핀다. 열매는 쥐똥나무보다 광나무가 조금 더 크다. 처음에는 풀빛이다가 10월에 까맣게 익는데 겨울에도 나무에 붙어 있다. 열매는 말랑말랑하고 속에 씨가 들어 있다. 열매를 말려서 약으로 쓴다. 간과 콩팥을 튼튼하게 한다. 잎을 삶아서 그 물을 종기에 바르면 잘 낫는다.

키 2~3m
잎 2~7cm
꽃 5월
열매 10월
쓰임 약, 술

쥐똥나무 검정알나무^북 *Ligustrum obtusifolium*

쥐똥나무는 산골짜기에 흔하게 자라는 잎 지는 떨기나무다. 공원이나
길가에 산울타리로도 많이 심는다. 열매가 쥐똥같이 생겼다고 '쥐똥나
무'다. 늦은 봄에 하얀 꽃이 원뿔꼴로 모여 피는데 나무 곁에 가면 짙은
꽃 내음이 난다. 냄새가 좋아서 꽃으로 술을 담가 먹는다. 열매는 풀빛
이다가 10월쯤 까맣게 익는다. 햇볕에 말렸다가 달여서 약으로 쓴다. 몸
이 허약하거나 식은땀이 날 때 달인 물을 마시면 좋다.

키 5m
잎 3~8cm
꽃 6~7월
열매 9~10월
쓰임 약

인동덩굴 겨우살이덩굴, 금은화 *Lonicera japonica*

인동덩굴은 볕이 잘 드는 산기슭에서 자라는 잎 지는 덩굴나무다. 다른 나무를 잘 감고 올라간다. 따뜻한 남쪽 지방에서는 겨울에도 잎이 안 져서 '겨우살이덩굴'이라고도 한다. 6~7월에 잎겨드랑이에서 꽃이 두 송이씩 나팔 꼴로 핀다. 꽃잎 넉 장은 위로 젖혀지고 꽃잎 한 장만 아래로 늘어진다. 처음에 하얗다가 점점 노래진다. 흰 꽃과 노란 꽃이 함께 있다고 '금은화'라고도 한다. 열매는 9~10월에 까맣게 익는다. 줄기, 꽃, 열매를 달여서 열을 내리고 부기를 빼는 약으로 쓴다.

키 5m
잎 5~14cm
꽃 5~6월
열매 9~10월
쓰임 나물

청가시덩굴 *Smilax sieboldii*

청가시덩굴은 산기슭에서 흔하게 자라는 잎 지는 덩굴나무다. 다른 나무를 잘 감고 올라가는데 줄기에 날카로운 가시가 나 있다. 청미래덩굴과 닮았지만 잎이 더 얇다. 또 청미래덩굴 열매는 빨갛고, 청가시덩굴 열매는 까맣다. 6~7월쯤 잎겨드랑이에 옅은 풀빛 꽃이 피어난다. 열매는 콩알만 한데 처음에는 짙은 풀빛이다가 10월쯤 까맣게 익는다. 어린순은 나물로 먹는다.

키 30~60cm
잎 3~6cm
꽃 2~3월
열매 10~12월
쓰임 약

겨우살이 *Viscum album* var. *coloratum*

겨우살이는 살아 있는 나무에 붙어사는 늘 푸른 나무다. 참나무에 가
장 많다. 10월쯤 동그랗고 연둣빛이 도는 노란 열매가 익는데 새들이 잘
먹는다. 열매 속살이 말랑말랑하고 씨는 끈적끈적하다. 새가 열매를 먹
고 똥을 싸면 씨가 섞여 나와 다른 나무에 달라붙어 싹이 튼다. 다른 나
무 잎들이 다 떨어지는 겨울이면 눈에 더 잘 띈다. 멀리서 보면 꼭 새 둥
지 같다. 가지가 'Y'자 꼴로 갈라지고 그 끝에 잎 두 장이 마주난다. 잎
과 가지는 고혈압, 관절염, 암을 미리 막는 약으로 쓴다.

키 6~15m
잎 7~20cm
꽃 5~6월
열매 9~10월
쓰임 기름

쪽동백나무 넙죽이나무, 산아주까리나무 *Styrax obassia*

쪽동백나무는 산에서 자라는 잎 지는 큰키나무다. 때죽나무와 꼭 닮았다. 동백나무와는 전혀 다른 나무다. 잎이 아주 커서 사람 얼굴을 다 가리기도 한다. 여름 들머리에 하얀 꽃이 아래를 보고 핀다. 가을에 푸르스름한 열매가 익는데 꼭 작은 등불이 줄줄이 달린 것 같다. 열매가 다여물면 껍질이 갈라지면서 매끈한 밤빛 씨앗이 드러난다. 날로는 못 먹고 기름을 짠다. 옛날에는 이 기름을 동백기름처럼 등잔 기름이나 머릿기름으로 썼다.

키 7~10m
잎 2~8cm
꽃 5~6월
열매 7~10월
쓰임 기름

때죽나무 *Styrax japonicus*

때죽나무는 중부 아래쪽 지방 산기슭에서 자라는 잎 지는 큰키나무다. 하얀 꽃과 작은 종처럼 생긴 열매가 보기 좋아서 공원이나 뜰에 일부러 심기도 한다. 오뉴월에 하얀 꽃이 아래를 보고 핀다. 7월부터 연한 풀빛 열매가 달린다. 가지마다 수십 개씩 조롱조롱 매달려 있다가 다 익으면 벌어진다. 열매가 벌어지면 그 속에 단단한 밤빛 씨앗이 드러난다. 씨앗에서 짠 기름을 기계기름으로 쓴다. 열매껍질을 짓찧어 냇가에 풀면 물고기가 둥둥 떠오르고 빨래를 하면 옷이 깨끗해진다.

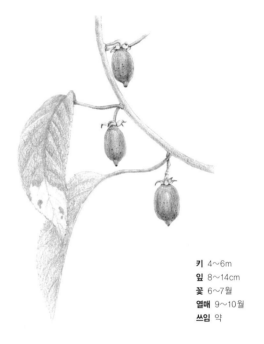

키 4~6m
잎 8~14cm
꽃 6~7월
열매 9~10월
쓰임 약

개다래 *Actinidia polygama*

개다래는 깊은 산 숲 속에서 자라는 잎 지는 덩굴나무다. 다래와 닮았다. 하지만 열매 끝이 뾰족하고 잎이 하얀 페인트를 칠한 것처럼 희끗희끗해서 다르다. 다래는 다 익어도 풀빛이지만 개다래는 누르스름해진다. 씨가 수백 개쯤 들어 있다. 다래처럼 달고 맛있지는 않고 톡 쏘면서 아린 맛이 난다. 날로는 잘 안 먹고 말려서 약으로 쓴다. 줄기를 끊어서 공예품을 만들기도 한다.

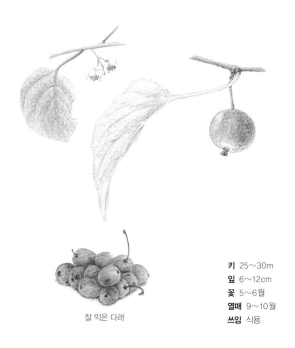

잘 익은 다래

키 25~30m
잎 6~12cm
꽃 5~6월
열매 9~10월
쓰임 식용

다래 청다래나무, 참다래 *Actinidia arguta*

다래는 깊은 산에서 자라는 잎 지는 덩굴나무다. 덩굴이 다른 나무를
휘감으며 높이 타고 오른다. 암수딴그루다. 어린 가지는 희끗희끗한 점
이 있다. 5~6월에 하얀 꽃이 잔가지 끝 잎겨드랑이에서 3~10송이씩 모
여 핀다. 열매는 10월쯤 풀빛으로 익는다. 다 익으면 살이 물렁물렁해
지는데 달고 맛있다. 서리 내린 뒤에 따 먹으면 더 맛있다. 따서 항아리
에 담아 두었다가 먹기도 한다. 술도 담근다. 곰이나 너구리, 오소리도
다래를 좋아한다.

나무 열매 더 알아보기

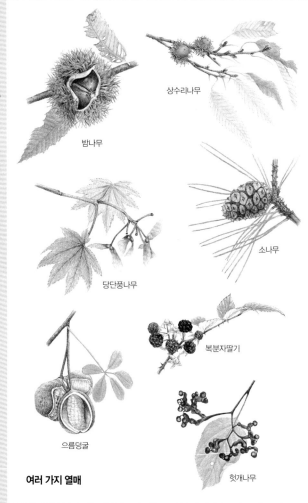

밤나무

상수리나무

당단풍나무

소나무

복분자딸기

으름덩굴

헛개나무

여러 가지 열매

열매 생김새

여러 가지 열매

열매 생김새는 나무마다 다 다르다. 겉모습이 동그랗거나 길쭉하거나 다글다글 모여 있거나 날개가 달려 있다. 솔방울처럼 나무 껍질 같은 비늘쪽이 겹겹이 쌓여 있기도 하고 도토리처럼 뚜껑을 뒤집어쓴 것도 있다.

열매 속을 들여다보면 사과나 배처럼 씨방에 작은 씨가 들어 있는 것도 있고 감처럼 씨가 여러 개 방 속에 하나씩 들어 있기도 하다. 복숭아나 앵두나 살구는 크고 딱딱한 씨앗이 열매 가운데 크게 들어 있다.

열매를 만져보면 말랑말랑하기도 하고 딱딱하기도 하다. 앵두는 말갛게 속이 들여다보일 듯 빨간데 만지면 젤리처럼 말캉거린다. 밤이나 도토리는 껍질이 두꺼워서 손으로 까기 힘들다. 사과나 배는 껍질이 얄팍하다. 단풍나무나 고로쇠나무는 열매 생김새가 꼭 헬리콥터 프로펠러처럼 생겼다. 안에 있는 작은 씨앗을 날개가 감싸고 있어서 바람이 불면 잘 날아간다. 산딸기나 복분자 딸기는 작은 열매가 다글다글 모여 있다. 아까시나무는 콩처럼 꼬투리가 달린다. 헛개나무 열매는 울퉁불퉁 꼬부라져서 눈에 확 띈다. 으름덩굴은 익으면 열매껍질 가운데가 쩍 벌어져서 하얀 속살이 훤히 보인다.

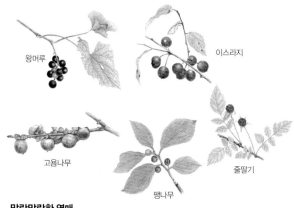

왕머루

이스라지

고욤나무

팽나무

줄딸기

말랑말랑한 열매

잣나무

비자나무

돌배나무

가래나무

갈참나무

개암나무

졸참나무

딱딱한 열매

말랑말랑한 열매, 딱딱한 열매

열매는 만져 보면 말랑말랑하기도 하고 딱딱하기도 하다. 앵두나 산딸기, 오디처럼 말랑말랑한 열매는 금방 무르기 때문에 따서 바로 먹어야 한다. 오래 두려면 잼을 만들거나 술이나 효소를 담근다. 머루, 다래, 버찌, 팽나무 열매도 말랑말랑하다. 말랑말랑한 열매는 껍질도 얇아서 통째로 먹거나 입에 넣고 오물오물 속살을 빼 먹고 씨만 뱉어 낸다. 으름은 겉껍질은 단단하지만 다 익으면 껍질이 벌어지면서 하얀 속살이 드러난다. 속살은 바나나처럼 부드럽다. 산딸나무 열매는 산딸기를 닮았다. 구슬만 한 동그란 열매가 빨갛게 익는데 속살은 노랗다. 먹어 보면 부드럽고 달콤한데 안에 씨가 많이 들어 있다.

호두나 가래는 겉껍데기가 무척 단단해서 손으로는 까기 힘들다. 망치로 두드려서 깨거나 불에 구워 갈라지면 속살을 꺼내 먹는다. 밤이나 도토리도 겉껍질이 단단하다. 밤은 칼로 껍질을 깎아서 속살을 먹는다. 도토리는 껍질을 까고 속살은 가루를 내 묵을 만들어 먹는다. 사과나 배는 속살이 제법 단단하지만 껍질은 얇다. 다래나 살구, 복숭아는 덜 익었을 때는 속살이 딱딱하지만 다 익으면 말랑말랑하고 겉껍질은 얇다.

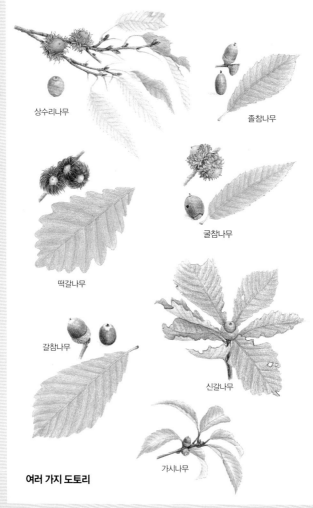

상수리나무

졸참나무

굴참나무

떡갈나무

갈참나무

신갈나무

가시나무

여러 가지 도토리

도토리

가을에 산에 가면 땅에 떨어진 도토리를 많이 볼 수 있다. 상수리나무, 굴참나무, 신갈나무, 떡갈나무 같은 참나무 열매를 모두 도토리라고 한다. 도토리는 다람쥐, 청설모, 멧돼지, 곰 같은 산짐승들이 아주 좋아하는 먹이다. 가을이면 사람들도 도토리를 주우러 산에 간다. 마을 가까운 뒷산에 올라가면 여기저기서 도토리를 주울 수 있다. 옛날에 먹을거리가 없을 때는 도토리를 한 가마니씩 주워 밥을 지어 먹었다. 지금도 도토리로 묵을 만들어 많이 먹는다. 도토리는 떫은맛이 세서 날로는 못 먹고 여러 번 물에 우려 떫은맛을 빼내고 밥이나 묵이나 죽으로 먹는다.

도토리는 나무마다 다 다르게 생겼다. 상수리나무 도토리는 깍정이가 깃털처럼 갈라지고 뒤로 젖혀진다. 굴참나무 도토리도 깍정이가 깃털처럼 갈라지는데 상수리나무 도토리보다 더 가늘고 길다. 떡갈나무 도토리는 깍정이가 털처럼 부스스하다. 떡갈나무는 참나무 가운데 잎도 가장 크고 도토리도 알이 굵다. 신갈나무 도토리깍정이는 꼭 종지처럼 생겼다. 도토리가 일찍 열리고 많이 달린다. 갈참나무 도토리는 신갈나무 도토리와 닮았는데 깍정이 무늬가 더 촘촘하고 단단하다. 졸참나무는 참나무 가운데 잎도 가장 작고 도토리도 작다. 다른 참나무보다 도토리가 늦게 떨어지는데 크기는 작아도 속살이 알차게 여물어서 졸참나무 도토리로 만든 묵을 더 쳐준다.

잣나무

소나무

향나무

측백나무

굴피나무

노간주나무

물오리나무

여러 가지 솔방울

솔방울

소나무에는 솔방울이 달린다. 잣나무, 리기다소나무처럼 소나무과 나무 열매는 거의 솔방울처럼 생겼다. 측백나무나 서양측백, 향나무처럼 측백나무과 나무는 크기가 훨씬 작은 솔방울이 달린다. 굴피나무나 물오리나무는 소나무가 아니지만 솔방울 닮은 열매가 열린다.

솔방울은 나무껍질 같은 비늘쪽이 여러 겹으로 겹겹이 쌓여서 원뿔꼴로 생겼다. 긴 타원 꼴로 생긴 것도 있다. 비늘쪽 하나하나 사이에 작은 씨앗이 들어 있다. 씨가 겉에 나와 있다고 '겉씨식물'이라고 한다. 솔방울은 다 여물기 전에는 작은 비늘쪽이 촘촘하게 모여 씨앗을 꼭 감추고 있다가 다 여물면 벌어져서 뒤로 젖혀진다. 그러면 비늘쪽 안에 있던 씨앗이 바람을 타고 날아간다. 씨에는 날개가 있어서 바람에 잘 날린다. 소나무는 한 나무에 암꽃과 수꽃이 따로 피는데 암꽃은 높은 가지에 피고 수꽃은 낮은 가지에 피어서 암꽃이 다른 나무에서 날아온 꽃가루를 받아 열매를 맺는다.

굴피나무나 물오리나무 열매도 작은 솔방울처럼 생겼다. 자작나무과에 드는 물오리나무는 열매가 여물면서 비늘쪽이 나무껍질처럼 바뀌고 그 사이사이에 씨앗이 들어 있다. 씨앗에 날개는 없다. 가래나무과에 드는 굴피나무 열매는 뾰족뾰족한 가시 같은 털이 나 있는데 털 하나하나에 날개가 있는 작은 씨앗이 달려 있고, 다 여물면 바람에 날려 퍼진다.

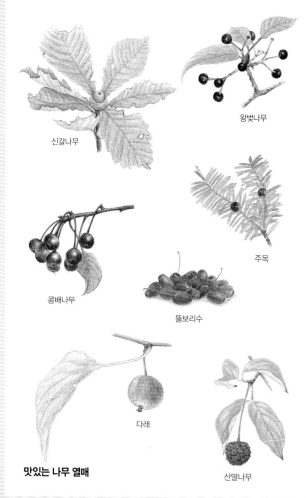

신갈나무

왕벚나무

콩배나무

주목

뜰보리수

다래

맛있는 나무 열매

산딸나무

쓸모가 많은 우리 나무

맛있는 나무 열매, 과일

우리나라에는 맛있는 나무 열매가 많다. 사람이 먹을 수 있는 나무 열매를 '과일'이라고 한다. 여름 들머리에 뽕나무 오디가 까맣게 익고, 벚나무에는 버찌가 까맣게 익는다. 이어서 앵두, 살구, 자두, 복숭아가 여름 들머리부터 한여름까지 나온다. 한여름이 지나면 포도가 익고 가을이 되면 사과나 배가 나온다. 대추, 밤, 호두, 감, 고욤도 가을에 딴다.

과일은 저마다 익는 때가 달라서 때를 잘 맞추어야 맛있는 과일을 먹을 수 있다. 때를 놓쳐 너무 익으면 물러져서 금방 썩고, 덜 익으면 맛이 없고 금방 시들어서 쭈그러든다. 한 나무에서도 익는 때가 다 달라서 한 번에 다 따려고 하지 말고 익은 과일을 그때그때 따야 한다. 과일을 딸 때는 나무가 다치지 않도록 하고, 낮은 가지에 달린 것부터 딴다. 또 꼭지가 뽑히거나 부러지지 않게 따야 한다. 흙이나 검불, 물이 묻지 않도록 한다.

밤은 밤송이 빛깔이 누렇게 바뀌고 벌어지기 시작하면 장대로 톡톡 쳐서 딴다. 자두는 너무 익으면 살이 물러져서 잘 터지고 오래 두고 먹을 수 없다. 껍질이 발갛게 물들기 시작하면 딴다. 은행은 가을에 열매가 다 여물면 장대로 쳐서 한데 모아 놓고 거적이나 가마니를 덮어 둔다. 며칠 지나 열매껍질이 썩으면 물에 씻어 은행 알만 골라낸다. 산딸기나 으름, 다래도 알맞게 익었을 때 따 먹는다.

생강나무

산초나무

가래나무

초피나무

비자나무

쪽동백나무

개비자나무

기름을 짜는 나무 열매

기름을 짜는 나무 열매

우리 겨레는 아주 오래 전부터 씨앗에서 기름을 짜 음식에 넣고 약으로도 썼다. 등불을 밝히거나 머리카락에 바르기도 했다.

동백나무 씨에는 맑은 기름이 들어 있다. 씨를 모아서 절구에 넣고 빻아 가루로 만든다. 이 가루를 채반에 담아서 찐 뒤 기름 주머니에 넣어 기름틀에 세게 눌러 짜면 기름이 나온다. 동백기름은 먹거나 머릿기름이나 등잔 기름으로 썼다. 산초나무 열매 속에는 반질반질한 까만 씨가 들어 있는데, 이 씨를 모아서 기름을 짠다. 산초 기름은 약으로 쓰는데, 아이들이 기침을 심하게 하면 산초 기름에 두부를 지져서 먹이기도 했다. 아기를 낳은 엄마가 젖이 아플 때 산초 기름을 바르기도 한다. 호두는 겉에 딱딱한 껍데기를 깨고 속살을 먹는데, 이 호두 속살에는 기름이 50~60%나 들어 있다. 호두 기름은 날이 추워도 잘 굳지 않고 냄새가 좋다. 먹기도 하고 가구에 바르기도 한다. 잣에도 맑은 기름이 많이 들어 있는데, 그냥 먹어도 고소하고 냄새가 좋다. 비자나무 씨에도 기름이 49~52%나 들어 있다. 옛날에는 비자나무 기름으로 등잔불을 켜고 머릿기름으로도 썼다. 옻나무 열매는 익으면 겉이 납으로 덮인다. 납은 맑은 기름과 달리 버터나 양초처럼 굳어 있는 기름이다. 옻나무에서 납을 뽑아 양초도 만들고, 전기가 흐르지 말라고 전깃줄에 씌우기도 한다.

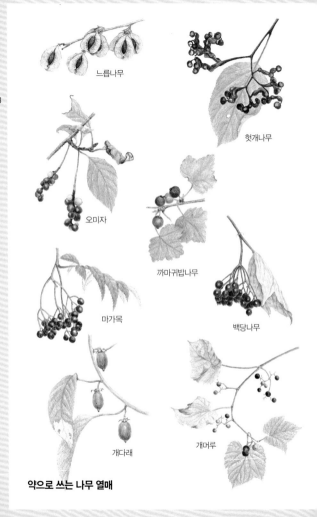

느릅나무

헛개나무

오미자

까마귀밥나무

마가목

백당나무

개다래

개머루

약으로 쓰는 나무 열매

약으로 쓰는 나무 열매

사람들은 병이 나거나 시난고난 아플 때 나무줄기나 잎, 뿌리, 열매를 약으로 많이 썼다. 옛날에는 집집마다 몇 가지씩 약초를 마련해 두었다. 농사일하는 틈틈이 산이나 들에서 약에 쓰는 풀이나 나무를 갈무리해 두었다가 식구가 병이 나면 약을 만들어 주었다. 구기자나 모과처럼 여러 모로 쓸모가 많은 나무는 아예 마당에 심어 길렀다.

나무에서 약재를 얻으려면 나무가 뿌리를 내린 지 여러 해가 지나야 한다. 오미자는 10년 넘게 자라야 약으로 쓸 만한 오미자를 딸 수 있다. 그래서 약으로 쓸 나무를 오랫동안 아껴서 가꾸어야 한다.

열매를 약으로 쓸 때는 아직 채 익지 않고 풀빛이 없어지기 전에 따야 하는 것이 많다. 모과나 명자나 다래가 그렇다. 하지만 호두처럼 씨를 쓰는 것은 충분히 여물었을 때 따야 한다.

약에 쓸 열매를 갈무리하면 바람이 잘 드는 그늘이나 햇볕에 펴서 말린다. 열매나 씨는 햇볕에 말리는 것이 좋은데, 음력 9월 전에 갈무리한 열매는 햇볕에 말리고, 가을 겨울에 딴 열매는 그늘에 말린다. 오래 둘 때는 곰팡이가 안 생기게 해야 한다. 종이나 헝겊 주머니에 넣어 습기가 없고 바람이 잘 드는 곳에 둔다. 곰팡이 안 생기게 잘 두면 몇 해고 쓸 수 있다. 탱자나 귤껍질은 오래 두었다가 쓰는 것이 더 좋다.

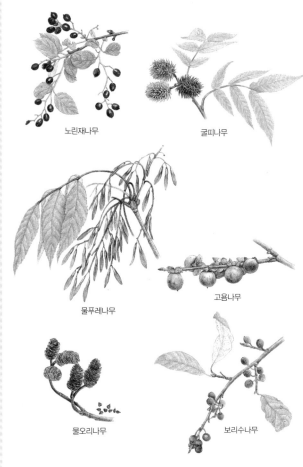

노린재나무

굴피나무

물푸레나무

고욤나무

물오리나무

보리수나무

물감을 뽑는 나무 열매

물감을 뽑는 나무 열매

우리나라에는 물감을 뽑는 나무 열매가 많다. 치자나무에 달리는 주황색 열매로 옷감에 물을 들인다. 가을에 잘 익은 치자 열매를 따서 말린 뒤 물에 풀고 천을 넣으면 노랗게 물든다. 감이나 고욤으로도 옷감에 물을 들인다. 땡감을 짓찧어서 솥에 넣고 그 물에 천을 담근 뒤 데우면 밤색으로 물든다. 땡감을 주워서 옷감에 문지른 뒤 햇볕에 말려도 물이 든다. 여러 번 문지르면 색이 더 짙어지고 옷감이 뻣뻣해진다. 감물 들인 옷은 때도 잘 안 타고 땀도 안 배서 여름에 일할 때 입으면 좋다. 제주도 사람들은 감물 들인 옷을 많이 입는다. 고기잡이 그물을 감으로 물들이면 빛깔이 바래지 않는다. 밤송이나 도토리나 오리나무 열매에서도 물감을 얻을 수 있다. 씨를 뺀 석류나 쥐똥나무 열매에서도 물감을 뽑고, 호두나 가래 열매는 덜 익어서 열매살이 풀빛일 때 물감을 뽑는다.

열매에서 물감을 뽑는 나무에는 가래나무, 고욤나무, 감나무, 물오리나무, 보리수나무, 산딸기나무, 석류나무, 오리나무, 쥐똥나무, 치자나무, 호두나무 따위가 있다. 모두 열매나 열매껍질에서 물감을 얻는다.

나무로 물을 들일 때는 나무를 다치지 않게 해야 한다. 감이나 호두같이 먹는 열매는 떨어져서 못 먹게 된 것을 주워서 쓴다.

구슬댕댕이

송악

귀룽나무

병아리꽃나무

청미래덩굴

못 먹는 열매

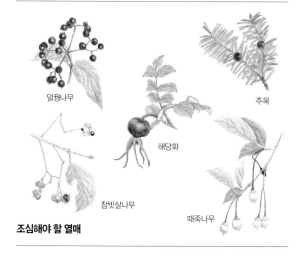

덜꿩나무

주목

해당화

참빗살나무

때죽나무

조심해야 할 열매

못 먹는 열매와 조심해야 할 열매

나무 열매 가운데 달고 맛있어서 사람들이 많이 먹는 열매도 있지만, 독이 있거나 떫고 시어서 안 먹거나 못 먹는 열매도 많다. 보기에는 맛있어 보여도 먹을 수 있는 열매인지 꼭 알고 먹어야 한다. 빛깔과 생김새가 맛있어 보인다고 덜컥 먹었다가는 배탈이 나거나 독이 올라 크게 아프기도 한다. 독을 빼고 약으로 쓰기도 하지만 그대로 먹으면 탈이 난다.

귀룽나무 열매는 버찌와 닮았지만 살이 얼마 없고 맛이 떫어서 날로는 잘 안 먹는다. 구슬댕댕이 열매는 동그란 열매가 두 개씩 맞붙어서 나는데 앵두처럼 탱글탱글하다. 날로는 안 먹고 약으로 쓴다. 청미래덩굴은 가을에 동그란 열매가 빨갛게 익는데 빛깔이 고와서 맛있어 보이지만 떫떠름해서 잘 안 먹는다. 매자나무 열매는 가지에 동그란 열매가 조르르 달리는데 가을에 빨갛게 익는다. 보기 좋지만 먹지는 않는다. 까마귀밥나무는 가을에 동그란 열매가 빨갛게 익는데 날로는 안 먹고 약으로만 쓴다. 찔레 열매는 가을에 빨갛게 익는데 사람들은 안 먹고, 새들이 좋아해서 잘 쪼아 먹는다. 덜꿩나무 열매도 사람들은 안 먹고 새들이 먹는다. 해당화는 먹을 때 씨를 털어 내고 먹어야 한다. 씨를 먹으면 배가 아프다. 주목은 가을에 앵두만 한 빨간 열매가 익는데 속에 있는 까만 씨앗은 독이 있어서 꼭 뱉어 내야 한다. 때죽나무 열매는 독이 있어서 먹으면 안 된다. 하지만 이 열매는 목이 아프거나 이가 아플 때 약으로 쓰기도 한다.

왕벚나무

왕머루

밤나무

다래

으름덩굴

상수리나무

개암나무

잣나무

개복숭아

구황식물

구황식물

구황식물은 굶주림을 달래려고 먹는 산과 들에서 저절로 자라는 식물이다. 끼니로 먹는 곡식이 가뭄이나 홍수, 추위 따위로 제대로 여물지 못해 흉년이 들었을 때 먹었다. 바다에서 나는 바다나물이나 버섯, 나무 열매나 순, 식물 뿌리처럼 평소에는 잘 안 먹지만 영양가가 있고 배를 채울 수 있는 것들이다. 또 겨울에 먹을 것이 없을 때 가을에 갈무리해 두었던 열매나 채소를 끼니로 먹었다. 산속에서 길을 잃거나 가지고 간 음식이 다 떨어졌을 때도 구황식물을 알아두면 좋다. 또 구황식물은 아이들이 산과 들에서 뛰어놀다가 따 먹고 군것질거리로 즐긴다.

상수리나무, 굴참나무, 떡갈나무 같은 참나무 열매인 도토리는 구황식물로 가장 많이 먹었다. 밥을 짓거나 묵으로 만들어 먹고 죽도 쑤어 먹는다. 소나무는 꽃가루를 모아 다식을 만들고 씨는 가루를 내서 곡식으로 먹었다. 잣은 죽을 끓여 먹고, 여러 가지 음식을 만들 때 넣는다. 가래는 날로 먹고 밤도 찌거나 삶아서 많이 먹는다. 오디와 산딸기, 멍석딸기는 날로 먹고 술을 담가 먹는다. 머루, 다래, 보리수, 뜰보리수 열매도 날로 먹는다. 고욤은 항아리에 넣고 삭혀서 겨울에 군것질거리로 먹었다.

접그루 마련

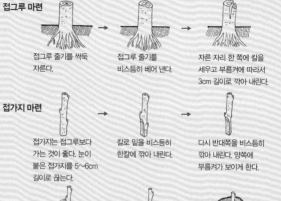

접그루 줄기를 싹둑 자른다.

접그루 줄기를 비스듬히 베어 낸다.

자른 자리 한 쪽에 칼을 세우고 부름켜에 따라서 3cm 길이로 깎아 내린다.

접가지 마련

접가지는 접그루보다 가는 것이 좋다. 눈이 붙은 접가지를 5~6cm 길이로 끊는다.

칼로 밑을 비스듬히 한칼에 깎아 내린다.

다시 반대쪽을 비스듬히 깎아 내린다. 양쪽에 부름켜가 보이게 한다.

접붙이기

접그루를 깎아 내린 자리에 접가지를 끼워 넣는다.

접그루와 접가지 부름켜를 잘 맞추고 움직이지 않도록 끈으로 감는다.

접붙인 자리가 마르지 않도록 흙을 1~2cm 깊이로 덮는다.

과일 나무 접붙이기

포도나무 꺾꽂이
이른 봄에 포도 덩굴에서 잘 자란 가지를 길이가 30cm쯤 되도록 잘라서 깊이 20cm 남짓으로 묻는다.

뽕나무 휘묻이
2월에 뽕나무 가지를 휘어 땅에 붙이고 마른 흙으로 묻어 두면 뿌리가 잘 나온다. 이것을 이듬해 정월에 잘라 심는다.

꺾꽂이와 휘묻이

과일 나무 기르기

과일 나무 심기

나무를 옮겨 심을 때는 이른 봄 춘분이 되기 전에 심는다. 씨를 땅에 묻어서 싹이 올라온 지 두 해쯤 지나면 옮길 수 있다. 나무를 옮겨 심을 곳을 미리 넓고 깊게 판다. 그리고는 옮겨 심을 나무에 남쪽 가지를 표시한 뒤에 뿌리에서 흙이 안 떨어지게 나무를 뜬다. 미리 파 둔 구덩이에 섰던 방향 그대로 넣어 세우고 뿌리를 잘 펴 놓는다. 맑은 거름물에 흙을 묽게 개어 뿌리 위에 주고 나무를 흔들어 그 진흙이 뿌리 사이로 잘 들어가게 한다. 그리고 흙을 메우는데 맨 위쪽은 단단하게 다지지 않는다.

씨앗을 심을 때는 먼저 여름이나 가을에 씨앗을 받아 물로 깨끗이 씻는다. 그런 뒤 젖은 모래와 섞어 화분이나 시루 밑이 새지 않게 막고 서늘한 곳에 둔다. 그리고 날이 따뜻해지면 알맞은 날을 골라 씨를 심는다.

접붙이기는 한 나무에 다른 나무 가지나 눈을 따다 붙여서 키우는 것이다. 뿌리가 될 나무는 '접그루'라 하고 접그루 위에 붙이는 가지나 눈은 '접가지'라 한다. 접그루에 다른 나무를 접붙이기도 하고 같은 나무를 접붙이기도 한다. 접가지는 과일이 크고 맛이 좋고 병에 걸리지 않은 나무에서 난 가지를 골라서 쓴다.

꺾꽂이를 할 때는 이른 봄에 좋은 과일 나무에서 어리고 좋은 가지를 고른다. 굵기가 손가락만 하고 곧은 것이 좋다. 이 가지를 30cm쯤 잘라서 심는다. 심은 뒤 사나흘이 지나면 물을 준다.

정월에 어지러운 잔가지를
잘라 주면 열매가 살찌고
나무 힘이 좋아진다.

과일 나무 가지치기

정월 초에 줄기가 갈라진 곳에
돌을 끼우는 것을 '시집보낸다'고
한다. 이렇게 하면 열매가 크고
많아진다.

과일 나무 시집보내기

과일 나무 가꾸기

　과일 나무는 거름을 많이 주고 김을 제때 매야 한다. 사과나무는 봄가을에 나무에서 두세 발자국 떨어진 곳에 구덩이를 깊이 파고 밑거름을 준다. 덧거름은 사과꽃이 진 다음 여름 들머리에 한두 번 뿌리께에 준다. 사과밭은 한 해에 네댓 번쯤 간다. 장마철을 앞두고는 물이 잘 빠지도록 고랑을 내 준다. 밭에 토끼풀이나 자운영을 심어 두면 장마철에도 흙이 씻겨 내려가지 않는다.

　나무가 어느 정도 자라면 가지를 많이 뻗고 잎이 많이 달린다. 밑가지에 달린 잎은 햇빛을 못 받아서 병에 걸리기 쉽다. 죽은 가지나 배게 붙은 가지를 낫으로 솎아 준다. 과일 나무는 열매를 따기 쉽게 너무 크게 자라지 않도록 가지를 친다.

　열매가 열리면 솎아 준다. 열매를 솎지 않으면 열매가 작아지고 해거리를 한다. 하지 무렵 솎아 주면 좋다. 열매를 솎기 전에 꽃을 솎아 주기도 한다.

　추위에 약한 나무는 가을에 볏짚으로 줄기를 싸고 새끼를 촘촘히 감은 뒤 흙을 발라 준다. 왕겨로 나무 밑을 북돋워 주기도 한다. 포도나무는 추위를 잘 타고 얼어 죽기 쉽다. 서리가 오기 전에 덩굴을 걷어서 구덩이를 깊이 파고 묻는다. 겉으로 나온 원줄기 밑동은 짚으로 싸매거나 짚단을 쌓아 덮는다. 이렇게 하면 이듬해 마른 가지도 없어지고 벌레도 덜 꼬인다. 과일을 딸 때는 과일과 나무가 상하지 않도록 따야 한다. 열매를 한꺼번에 따지 말고 익는 대로 그때그때 딴다.

찾아보기

학명 찾아보기

우리말 찾아보기

참고한 책

《가자, 달팽이 과학관》(권혁도, 보리, 2012)

《구과식물》(국립수목원, 2012)

《구황방 고문헌집성》(농촌진흥청, 2010)

《나무백과 1~6》(임경빈, 일지사, 1977~2002)

《도토리는 다 먹어》(장순일, 보리, 2005)

《만학지 01》(서유구, 소와당, 2010)

《무슨 나무야?》(도토리, 보리, 2002)

《산대장 솔뫼아저씨의 생물학교》(솔뫼, 삼성출판사, 2007)

《세밀화로 그린 나무도감》(이제호, 손경희, 보리, 2001)

《씨앗도감》(후루야 카즈호, 타카모리 토시오, 진선아이, 2006)

《알고 보면 더 재미있는 나무 이야기》(현진오 외, 뜨인돌어린이, 2006)

《자연을 먹어요!(봄, 여름, 가을, 겨울)》(오진희, 백명식, 내인생의책, 2013)

《작지만 단단한 꿈 씨앗》(안 소피 보만, 푸른숲, 2008)

《종자》(롭 케슬러, 울프강 스터피, 교학사, 2014)

《찾으며 즐기는 도토리와 솔방울》(히라노 타카히사, 카타기리 케이코, 진선출판사, 2004)

그린이

손경희
1966년에 서울에서 태어났다. 동덕여자대학교에서 산업디자인을 공부했고, 《내가 좋아하는 나무》, 《내가 좋아하는 과일》, 《세밀화로 그린 나무도감》에 그림을 그렸다.